천체가 들려주는 오페라

우주

천체가 들려주는 오페라
우주

루돌프 키펜한 지음 | **유영미** 옮김

천체가 들려주는 오페라

우 주

지은이 | 루돌프 키펜한
옮긴이 | 유영미

초판1쇄 찍음 | 2006년 11월 1일
초판1쇄 펴냄 | 2006년 11월 8일

펴낸곳 | 도솔출판사
펴낸이 | 최정환

등록번호 | 제1-867호   등록일자 | 1989년 1월 17일
주소 | 121-841 서울시 마포구 서교동 460-8번지
전화 | 335-5755   팩스 | 335-6069
홈페이지 | www.dosolbooks.com
전자우편 | dosol511@empal.com

값은 뒤표지에 있습니다.

ISBN 89-7220-195-2 03400
ISBN 89-7220-193-6 (세트)

"아주 큰 세계로 들어가고자 하는 사람은
모든 고정관념을 버려야 한다."

우주의 궁금증을 푸는 방법

피퍼 출판사에서 내게 '핵심을 압축한' 천문학 책을 써달라고 했을 때 나는 과연 천문학이 이런 시리즈로 다룰 만한 것인지 의심이 들었다. 이 시리즈는 한정된 분량에 각 단락을 짤막짤막하게 나누어 써야 했기 때문이다. 하지만 작업을 시작하면서 곧 천문학을 이런 형식으로 소개하는 것이 나쁘지 않다는 것을 느꼈다. 물론 많은 주제들을 원하는 만큼 양껏 다루지는 못했지만 말이다.

이 책에서 나는 개념적인 구분을 위해 우주의 역사를 세 시대로 나누었다. 그중 세 번째 시대가 우리가 살고 있고, 우리가 정립한 물리학이 통용되는 시대다. 첫 번째 시대는 내가 '백색시대'라고 부르는, 모든 것이 시작된 시대로 우리는 그 시대의 자연법칙을 알지 못한다. 그래서 우리는 "태초에는 우주의 밀도와 온도가 무한했다."라고 말하지 못하고, "백색시대에는 우주가 극도로 높은 밀도와 온도를 가지고 있었던 것처럼 보인다."라고 말할 수밖에 없다. 나는 이 책을 통해 빅뱅이 한 점에서 시작되었을 거라는 생각처럼 종종 오해를 빚고 있는 개념들을 명확히 하고자 노력했다.

빅뱅 전에 무엇이 있었는가 하는 질문은 아주 유명하고, 여전히 유효하다. 그러나 '우주'가 갖고 있는 매력의 원형질을 알기 위해서는 우리의 시간관념을 버려야 한다. 나는 그런 점에서 우주의 리얼리티를 살리는 데 큰 비중을 뒀다.

원고를 꼼꼼히 읽어주고 조언을 많이 해준 나의 친구, 괴팅엔의 수학자 한스-루드비히 데 브리스에게 심심한 감사를 전한다.

루돌프 키펜한

상상을 뛰어넘는 우주 공간

아주 큰 것, 혹은 아주 작은 것의 세계로 들어가고자 하는 사람은 모든 고정관념을 버려야 한다. 그런 세계에는 그런 관념들이 통하지 않기 때문이다. 우리의 두뇌는 수백만 년에 걸쳐 우리가 다른 생물과의 경쟁에서 살아남을 수 있도록 발달되어 왔다. 그런데 신기한 것은 우리가 생존 경쟁에 중요하지 않은 '쓸데없는' 생각을 하는 능력도 배웠다는 사실이다. 그리하여 우리는 직접적인 유용성은 없는, 추상적이고 수학적인 사상의 집을 지었다. 진화가 언뜻 보기에 별 목적도 없이 우리에게 별들의 세계와 원자의 세계에서 일어나는 일들을 이해할 수 있는 능력을 부여했다는 것은 기적이 아닐 수 없다. 이런 능력은 태곳적 생존 경쟁에서 우리에게 별다른 유익을 가져다주지 않는 것이었으니까 말이다.

그러나 우리에게 무조건적인 유익을 가져다주지 않는 학문 세계로의 고공비행은 한계가 있다. 광속으로 수백만 년 달려야 도착할까 말까 한 별까지의 거리, 우리 주변에 있는 원자들 간의 작은 거리는 우리의 상상을 뛰어넘는 것이다. 우리의 상상력은 일상적인 세계에서 벗어날 수 없다. 우리는 굽은 '선(곡선)'과 굽은 '면 (곡면)'은 잘 안다. 하지만 제 아무리 수학자라 해도 계산은 할지 언정 '구부러진 공간'은 구체적으로 상상하지 못한다.

우리는 일상의 경험들을 자세히 생각해보지도 않은 채 아주 당 연한 것으로 여긴다. 일상적인 세계에서 "무(無)에서는 무(無)가 나 온다." 혹은 "모든 것에는 그 원인이 있다."는 말은 아주 당연한 말이다. 우리는 모든 일에 앞서 다른 일이 있었다는 것을 당연하 게 여기고, 자연스럽게 "그 전에는 뭐가 있었지?"하고 묻는다. 이 런 물음은 일상에서는 아주 정당한 물음이다. 하지만 일상적인 영 역에서 벗어나면 그런 물음은 정당하지 않다. 가령 라듐 원자가 하필이면 왜 이 순간에 분열되는지, 또는 우주가 시작되기 전에 무슨 일이 있었는지를 묻는 것은 별 의미가 없다.

이 책에서 우리는 종종 우리의 일상적인 경험이 통하지 않는 영 역에서 움직일 것이다. 인간의 사고는 자연의 논리를 따르지만 이 런 영역에서는 종종 그런 고정관념을 뒤로 미루어 놓아야 한다.

contents

🪐 은하수

　　　　　　　　우유처럼 하얀 은하수의
띠는 북쪽 하늘과 남쪽 하늘에 걸쳐 있다. 은하수를 최초로 발견
한 사람은 이탈리아의 갈릴레오 갈릴레이다. 그는 1609년 망원경
으로 하늘에 이런 수많은 별들로 이루어진 띠가 존재한다는 것을
발견했다. 육안으로는 밝은 얼룩처럼 보이지만 망원경으로 보면
그것이 별들의 모임임을 알 수 있다. 천체사진으로 확인하면 별들

:: 남쪽 하늘의 은하수. 앞의 돔 형태 건물은 미국 대학들이 공동 이용하는 칠레
의 세로 톨로로 천문대이다. 왼쪽으로 마젤란 대성운(왼쪽 아래)과 마젤란 소
성운(왼쪽 위)이 이웃해 있는 게 보인다.

은 서로 부딪칠 듯 다닥다닥 붙어 있는 것처럼 보인다. 그러나 사실 별들은 서로 멀리 떨어져 있다. 다만 우리 시야에서 같은 방향에 위치하기 때문에 지구에서 보면 다닥다닥 붙어 있는 것처럼 여겨질 뿐이다.

별들은 우주 공간에 균일하게 퍼져 있지 않고 불룩한 원반 모양에 밀집되어 있다. 우리의 태양과 태양계의 행성들도 원반 속에 있다. 우리가 어떤 방향으로 보든지 어느 곳에서나 별들을 찾을 수 있다.

원반의 편평한 면을 수직으로 향하여 보면 상대적으로 별들이 적다. 그에 반해 원반의 골이 진 쪽을 향해서 보면 아주 많은 별이 자리해 있다. 별로 채워진 원반은 별들로 가득한 넓은 띠로 보이

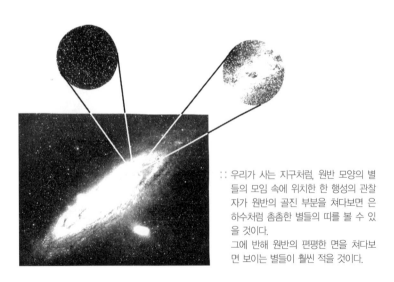

:: 우리가 사는 지구처럼, 원반 모양의 별들의 모임 속에 위치한 한 행성의 관찰자가 원반의 골진 부분을 쳐다보면 은하수처럼 촘촘한 별들의 띠를 볼 수 있을 것이다.
그에 반해 원반의 편평한 면을 쳐다보면 보이는 별들이 훨씬 적을 것이다.

고 이것을 은하수라 부르는 것이다.

　우리의 태양과 지구를 비롯한 태양계의 행성들은 천문학자들이 은하 혹은 은하계라 부르는 거대한 별들의 모임에서 미세한 점들에 지나지 않는다.

☄ 태양과 지구 사이의 거리

별들이 위치한 공간은 얼마나 넓을까? 우리와 가장 가까이에 위치한 별인 태양만 해도 우리가 상상할 수 없을 정도로 멀리 떨어져 있다. 태양 빛은 초속 30만 킬로미터의 속도로 지구에 도달하는 데 8분이 걸린다. 그리하여 태양이 갑자기 빛을 잃는다 해도 우리는 곧장 눈치 채지 못할 것이다.

17세기 천문학자들은 지구와 태양 사이의 거리가 1억 5천만 킬로미터 정도 떨어져 있다는 것을 알아냈다. 천문학자들은 당시 화성과 행성 운동의 법칙을 활용하여 이 거리를 계산하였다. 행성의 운동을 더 잘 파악할수록 태양까지의 거리를 더 잘 계산할 수 있었다. 지구의 공전 궤도는 정확한 원이 아니기 때문에 태양까지의 거리도 1년을 지나는 동안 조금씩 달라진다. 그것은 평균 1억 4959만 7900킬로미터이다.

오늘날 우주 탐사선은 태양계의 먼 곳까지 횡단을 하고, 행성 가까이 다가가거나 예정된 시간에 행성에 착륙할 수 있다. 그리하여 이미 수백 년 전에 계산된 행성 궤도의 거리들과 지구 궤도의 거리들을 확인하였다. 그리고 여러 행성과 심지어 태양에 레이더 신호를 보내고 지구로 되돌아오는 레이더 신호의 메아리를 수신할 수 있었다. 레이더파가 우주에서 빛의 속도로 진행하므로 레이

더 메아리가 도착하는 시간을 근거로 거리를 계산할 수 있는 것이다. 그리고 그 결과 행성 궤도 사이의 거리, 특히 태양과 지구의 거리가 천문학자들이 오래 전에 계산한 것과 일치한다는 사실이 밝혀졌다.

지구와 태양 사이의 평균 거리는 천문학에서 가장 중요한 단위 중 하나이다. 천문학자들은 이를 토대로 천체의 거리를 측정한다. 그래서 이런 거리를 '천문단위'라고 부르고 축약해서 1AU라 한다. 1AU(지구와 태양 사이의 거리)는 지구 지름의 2만 3천 배이다.

태양은 멀다. 그러나 은하의 다른 별들보다는 가깝다. 다른 별들은 아주 멀리 있어서 천문학자들은 그 거리를 고유한 단위를 이용해 표시한다. 어떤 별까지의 거리를 묘사하는 데 사용하는 단위는 빛이 1년에 도달하는 거리, 즉 '광년'이라는 단위다. 1광년은 9,460,000,000,000킬로미터에 해당한다. 그에 비하면 태양과 지구 사이의 거리는 빛의 속도로 8분밖에 걸리지 않는 아주 가까운 거리다. 하지만 이 거리는 다른 별들까지의 거리를 측정하는 데 도움을 준다.

6개월 간격을 두고 하나의 별을 관찰한다고 하자. 그러면 그 두 관찰점의 거리는 지구 공전 궤도의 지름과 같다. 따라서 2AU, 약

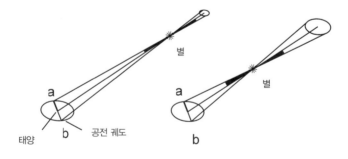

:: 베셀의 연주시차 방법에 의한 거리 계산 : 지구 궤도 위의 상반된 두 점(a, b)에서 보면 별이 위치한 방향이 약간 다르다. 가까운 별일수록 시차(검은색으로 칠해진 각)는 더욱 커진다.

3억 킬로미터다. 그리하여 두 번째 관찰에서 별은 첫 번째 관찰에서와는 약간 다른 방향에 있게 된다. 우리는 별이 약간 밀려났음을 알게 된다. 별이 가까울수록 이런 효과는 더 크다. 별의 이런 가시적 위치 차이의 반각이 바로 별의 시차다. 천문학자들은 이것을 토대로 별까지의 거리를 계산한다.

별들의 시차는 아주 작다. 태양계에 가장 가까운 별인 프록시마 켄타우리의 시차도 0.76 아크초(arc sec : 1아크초는 1/3600도)밖에 되지 않는다. 이것은 1유로짜리 동전이 우리에게 6.6킬로미터 떨어져서 보일 때의 각도에 해당한다. 프록시마 켄타우리의 시차는 프록시마 켄타우리까지의 거리를 알 수 있게 해준다. 프록시마 켄타우리까지의 거리는 정확히 40,000,000,000,000킬로미터, 또는 4.23광년에 해당한다.

시차가 1아크초인 별은 우리에게서 3.26광년 떨어져 있다. 천문학자들은 이 거리를 파섹(pc)라고 부른다. 이 거리의 1천 배가 되는 거리를 킬로파섹(kpc)이라고 하고 킬로파섹(kpc)의 1천 배에 해당하는 거리를 메가파섹(Mpc)이라고 한다.

아주 작은 시차도 인공위성으로 잴 수 있다. 1989년 발사된 위성 히파르코스는 약 500파섹(약 1600광년)까지의 거리를 잴 수 있다. 500파섹 거리의 별에서 우리에게 도달한 빛은 지금으로부터 1600년 전에 보내진 것이다.

● 별의 밝기로 거리 재기

우리 은하계의 대부분의 별들은 앞서 소개한 히파르코스 위성이 그 시차를 측량하지 못할 정도로 멀리 떨어져 있다. 하지만 시차를 통해서만 별까지의 거리를 알 수 있는 것은 아니다. 별의 밝기도 우리에게 거리를 암시해 준다.

우리는 그 원리를 일상생활 속에서 알 수 있다. 몇 미터 떨어져 있지 않은 가로등 불빛에서는 신문을 읽을 수 있다. 그러나 똑같은 밝기의 가로등이라도 몇 킬로미터 떨어진 곳에 있다면 직접 쳐다보고서야 가로등이 있다는 것을 알 수 있다. 태양은 낮을 밝힌다. 그러나 카시오페이아자리의 '에타'라는 별은 태양과 빛의 세기가 비슷하지만 보일 듯 말 듯한 점으로만 보인다. 에타는 우리에게서 광속으로 8분 정도의 거리가 아닌 19광년이나 떨어져 있기 때문이다.

광원이 멀어짐에 따라 밝기가 감소되는 정도는 간단한 법칙에 따른다. 거리가 두 배로 멀어지면 밝기는 1/4로 줄어들고 세 배로 멀어지면 1/9로 줄어든다. 수학적으로 표현하면 광원의 밝기는 거리의 제곱만큼 감소한다. 그러므로 멀리 있는 어떤 별빛의 세기가 태양과 비슷하다는 것을 안다면 그 별까지의 거리를 계산할 수 있다. 우리에게 보이는 밝기만 측정하면 되는 것이다. 천문학자들은 그것을 '겉보기 밝기'라고 부르며, 사진기에 장착된 노출계와 비슷한 도구로 그것을 측정한다. 모든 별이 똑같은 강도의 빛을 발한다면 천문학자들의 일은 훨씬 간단할 것이다. 그러면 가까이에 있는 별은 밝고, 멀리 있는 것들은 빛이 약할 것이니, 별들의 겉보기 밝기만 측정하면 금방 거리를 계산할 수 있을 것이다.

그러나 유감스럽게도 별들은 모두 똑같은 강도의 빛을 내지 않는다. 태양은 킬로와트로 표시하여 무려 스물네 자리 숫자에 해당하는 강도의 빛을 발한다. 어마어마하게 강한 빛이지만 다른 별과 비교하면 아무것도 아니다. 백조자리의 가장 밝은 별 데네브는 태양보다 무려 7만 배나 밝은 빛을 낸다. 따라서 별이 밝게 빛난다면 그것은 가까이에 위치한 빛의 강도가 약한 별일 수도 있고, 멀리 위치한 빛의 강도가 센 별일 수도 있다. 따라서 어떤 별의 겉보기 밝기를 보고 그 별까지의 거리를 알아내고자 한다면 그 별이 어느 정도 강도의 빛을 발하는지를 알아야 한다. 빛의 방출 강도, 즉 별이 매초 우주에 내보내는 복사에너지의 양을 천문학자들은 '광도'라고 말한다.

별의 광도는 어떻게 알 수 있을까?

● 변광성은 표준 촛불

광도를 가늠할 수 있는 별들이 있다. 그중 가장 알려진 것은 '맥동 변광성'들이다. 맥동 변광성의 내부에서 외부로 솟구치는 에너지는 이 별들을 주기적으로 부풀어 올랐다가 다시 사그라지도록 한다.

이 과정은 파이프 오르간과 비슷하다. 공기가 유입되면 파이프 안은 진동하기 시작하고 공기는 그 후 다시 파이프를 떠난다. 맥동 변광성에서는 언제나 똑같은 에너지가 표면으로 뿜어지지 않고 한 번은 강하고 한 번은 약하다. 그래서 우리는 그 밝기의 변화를 통해 별이 맥동하고 있음을 감지할 수 있다.

우주적인 거리 측정에 표준 촛불로 쓰이는 맥동 변광성은 두 종류다. 하나는 세페이드 변광성(세페우스자리의 전형적인 맥동 변광성에서 유래한 이름)으로 이 별들은 며칠 주기로 광도가 변한다. 그리고 또 한 가지는 거문고자리 RR 변광성(거문고자리의 맥동 변광성 중 하나에서 유래한 이름)으로 이 별들은 변광 주기가 채 하루도 되지 않는다.

거문고자리 RR 변광성들은 광도가 거의 같은데, 거리로 유추할 때 태양보다 약 75배 정도 밝은 것으로 보인다. 세페이드 변광성은 광도가 더 강하다. 세페이드 변광성의 광도는 진동주기가 길수록 더 강하다. 파이프 오르간에서 진동 시간이 그 크기에 달

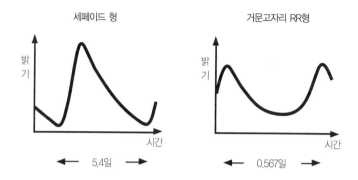

:: 세페이드 형과 거문고자리 RR형 변광성의 밝기는 며칠, 그리고 몇 시간 주기로 변한다. 이 주기는 그들의 광도를 알려주고 그로써 거리를 측정할 수 있게 한다.

려 있는 것처럼(파이프가 클수록 음정이 더 낮다.) 세페이드 변광성의 진동 시간도 그 광도에 달려 있다.(진동 주기가 길수록 광도가 더 세다.)

그런데 밝기의 변화를 지속적으로 관찰하면 변광 주기를 쉽게 알아낼 수 있기 때문에 맥동 변광성은 '표준 촛불', 즉 우주의 거리를 재는 자라고 할 수 있다. 주기로부터 광도를 알아낼 수 있고 광도와 겉보기 밝기로부터 거리를 알아낼 수 있기 때문이다.

1차 세계대전 즈음 미국의 천문학자 할로우 셰플리는 거문고자리 RR 변광성을 이용하여 우리 은하계의 규모를 측정하였다.

히파르코스가 발사되기 약 80년 전, 천문학자들은 지상에 발을 디딘 채로만 연주시차를 측정할 수 있었다. 그러나 대기가 자꾸만 별들의 모습을 찌그러뜨리고, 흔들리게 하였다. 그래서 학자들은 300광년 안쪽에 위치한 별의 시차만을 잴 수 있었다. 별까지의 거리를 재는 데 표준 촛불로 활용할 수 있는 맥동 변광성 중 그 정도로 가까이 있는 것은 하나도 없었다. 하지만 캘리포니아 마운틴 윌슨 천문대의 천문학자

:: 약 10만 개의 별이 밀집되어 있는 남쪽 하늘의 구상성단 M55. 이 구상성단에서 우리에게 도착한 빛은 약 2만 5백 년을 날아온 것이다.

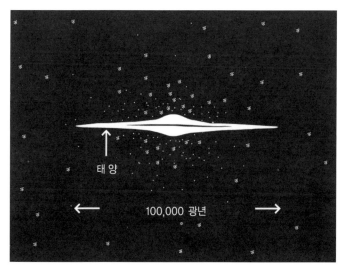

:: 옆면에서 본 은하. 중심 면에 어두운 먼지 구름이 있는 은하 원반이 성단과 각각의 별을 포함하고 있는 은하 광륜(헤일로) 속에 들어 있다.

할로우 셰플리는 다른 간접적인 방법을 활용하여 거문고자리 RR 변광성의 거리를 재었다. 그리고 이 방법으로 거의 같은 강도의 빛을 낸다는 사실이 알려져 있던 거문고자리 RR 별들의 광도를 알아냈다. 거문고자리 RR 변광성들의 많은 수는 '구상성단'에 위치해 있다. 구상성단이란 공 모양의 공간에 밀집해 있는 수천 개에서 수만 개에 이르는 별들의 모임으로 은하의 원반 주변, 즉 은하 헤일로(광륜)라 불리는 공간을 채우고 있다. 셰플리는 구상성단 속에 위치한 거문고자리 RR 변광성의 도움으로 구상성단의 거리를 계산하고 분포를 연구할 수 있었다.

셰플리는 은하 헤일로의 중심이 우리가 보기에 궁수자리 방향에 놓여 있다는 것을 발견했고 그로부터 헤일로의 중심뿐 아니라 우리 은하의 중심도 우리 태양계가 아닌 궁수자리 방향에 있을 것임을 유추했다. 그동안 믿어왔던 것과 달리 지구가 은하계의 중심이 아니었던 것이다. 우리 태양계는 은하의 중심에서 약 3만 2천 광년 떨어져 있다.

은하계는 별로 채워진 원반으로 빛이 이쪽 끝에서 저쪽 끝까지 가는데 10만 년이나 걸릴 만큼 아주 크다. 은하계에는 우리의 태양 외에 약 1천억 개의 항성(별)들이 있다. 쌀알로 따지면 하나의 성당 내부를 아주 빽빽이 채울 수 있을 만큼 많은 숫자다. 우리의 태양은 그중 하나일 뿐이다. 그러나 원반 위의 별들은 그렇게 빽빽하게 포장되어 있지 않다. 별의 크기와 서로 간의 거리는 마치 한줌의 쌀을 중부 유럽 전역에 흩어 놓은 것처럼 아주 작은 것들이 아주 넓은 지역에 드문드문 떨어져 존재한다고 보면 된다.

은하의 원반은 은하의 헤일로로 둘러싸여 있다. 은하의 헤일로는 공처럼 둥근 공간으로 지름은 은하보다 더 크다. 은하의 헤일로에는 별들과 구상성단이 있는데, 헤일로의 밀도는 중심 부분으로 갈수록 증가한다.

하지만 은하 원반 별들 사이의 공간은 비어 있지 않다. 그 공간에는 주로, 우주에서 가장 흔한 화학원소인 수소로 이루어진 가스구름이 있다. 별들 사이의 가스는 매우 엷어서 1리터에 원자가 500개도 안 된다. 현재 우리를 둘러싼 공기 1리터에 스물네 자리 숫자에 해당하는 원자가 있다는 것을 생각하면 얼마나 엷은지 알 수 있을 것이다. 그러나 헤일로의 가스는 원반의 가스보다 엷다.

별들 사이의 공간에는 가스 외에 먼지도 있다. 1천 리터의 공간에는 평균 100만 분의 1센티미터 크기의 먼지 하나가 있다. 그에 비해 헤일로에는 먼지가 거의 없다.

표준 촛불을 도구로 한 거리 측정은 이런 먼지로 인해 위조된다. 어떤 별빛이 약한 경우, 그 별이 멀리 있어서 그럴 수도 있고 그 빛이 우리까지 오는 도중 먼지 막으로 약해져서 그럴 수도 있다. 다행히 천문학자들은 도착한 별빛을 보고 그 빛이 먼지로 얼마나 약해졌는지를 분간할 수 있다. 공기 중의 먼지층이 지는 해를 더 붉게 보이게 하는 것처럼 먼지는 별빛을 더 붉게 하는 것이다.

💫 암흑 성운과 밝은 성운

　　　　　　　　　　은하수는 정말 불규칙해
보인다. 밝은 부분도 있고 어두운 부분도 있으니 말이다. 그렇게
보이는 이유는 무엇보다 불균등하게 퍼져 있는 먼지 때문이다. 먼
지는 그 뒤에 있는 별빛을 약화시킨다.

　궁수자리의 은하수는 특히 밝아 보인다. 그 방향에 별이 많은
원반의 중심이 위치해 있어서 그렇다. 육안으로는 하나하나 구별
할 수 없지만 망원경으로 보면 정말로 수많은 별들이 있는 것을

:: 오리온 별자리의 빛나는 성운. 뜨거운 별들이 기체로 빛을 발하게 하
고 암흑 성운들이 그 빛을 반사한다. (R. 겐들러의 사진 NASA)

확인할 수 있다.

그러나 은하수의 밝은 부분 중에 거대한 망원경으로 보아도 안개 낀 모습처럼 보이는 부분이 있다. 이것은 밝은 성운(밝은 성운에는 발광 성운과 반사 성운이 있다.—옮긴이)들이다.

가령 겨울밤 오리온자리에서 육안으로도 분별할 수 있는 안개 구름은 오리온 대성운이라는 밝은 성운이다. 이 성운에서는 젊은 별들의 가스들이 에너지를 받아 빛을 발한다. 은하 원반에는 밝은 성운들이 아주 많다.

암흑 성운은 먼지로 되어 있어서 그것을 통과하는 빛을 약화시

:: 오리온자리의 '말머리 성운'은 뒤에 있는 별과 밝은 성운의 빛을 삼키는 암흑 성운이다.

킨다. 은하수의 띠에서 어둡고 별이 없는 부분이 암흑 성운이다. 앞서 13쪽의 사진에서 둥근 지붕 옆 오른쪽 중간에 보면 소위 '석탄자루 성운'이라 불리는 암흑 성운을 분간할 수 있다.

✏ 성운의 특별한 등급

안드로메다 별자리에는 달이 없는 밤에 육안으로도 보이는 희미하게 빛나는 타원형의 성운이 보인다. 바로 안드로메다 성운이다. 망원경을 발견한 후 천문학자들은 이런 타원형의 성운들을 많이 발견했다. 1755년 철학자 임마누엘 칸트는 우리 은하에서 멀리 떨어진 어떤 관찰자가 우리의 은하계를 옆쪽에서 비스듬히 관찰하면 타원형으로 보일 것

:: 달 없는 밤에 육안으로도 관찰이 가능한 안드로메다 대성운은 지구에서 2백만 광년 떨어져 있다. 안드로메다 대성운은 우리의 은하와 비슷한 은하인 것으로 밝혀졌다. 안드로메다 대성운을 볼 때 전면의 따로따로 분별할 수 있는 밝은 별들은 안드로메다 은하가 아닌, 우리의 은하에 속한 별들이다.

이라고 생각했다. 그리하여 칸트는 육안으로 보이는 타원형 안개 구름들을 우리 은하계와 비슷한, 멀리 떨어져 있는 다른 은하들로 여겼다. 그런데 정말이지 이런 구름들을 자세히 관찰할수록 그것들은 오리온 대성운 등의 다른 불규칙한 성운들과는 구별이 되었다. 가령 성운 중 몇몇은 내부에 나선형이 보였다. 타원형의 안개 구름이 은하계의 성운일까, 아니면 멀리 떨어진 은하일까? 천문학자들은 1920년대 초까지도 이런 의문을 풀지 못했다.

1922년 미국 천문학자 에드윈 P. 허블은 당시 세계 최대였던 캘리포니아의 2.5미터 반사망원경으로 안드로메다 성운 속에서 각각의 빛나는 별을 발견했다. 그중에는 세페이드 변광성도 있었

:: 사냥개자리의 은하 M51의 모습. 은하 원반이 정면으로 보여서 나선형 모양을 뚜렷이 분간할 수 있다.

다. 별들까지의 거리를 재는 자로 활용할 수 있는 표준 촛불 말이다! 그리하여 허블은 안드로메다 성운까지의 거리를 측정했고, 그 거리는 당시 물리학자들의 상상을 초월하는 것이었다. 현재 우리는 안드로메다 성운에 대해 더 많은 것을 알고 있다. 안드로메다 성운에서 우리에게까지 도착한 빛은 2백만 년 전에 방출된 것이다. 2백만 년 전이라고? 지구에서 자바 원인이 원시림을 누비고 있을 때쯤 되지 않을까?

안드로메다 성운은 우리 은하계처럼 몇십억 개의 별로 이루어진 은하로 밝혀졌다. 최고 성능의 망원경으로 보아도 그중에서 가장 밝은 별들 밖에는 분간이 되지 않고, 그보다 약한 별은 안개처럼 뿌옇게 보인다. 우주는 그런 은하들로 가득하다. 우주 속의 은하들은 천문학자들이 셀 수 있는 것보다 훨씬 많다.

　　　　　　　　　　　　　　　　　망원경의 성능이
좋을수록, 천문학자들은 멀리 있는 은하들을 더 많이 관측할 수
있다. 우주는 수백만 개 혹은 수십억 개의 별로 구성된 은하로 채
워져 있다. 많은 은하들은 원반형으로 되어 있는데, 우리 쪽에서
는 어떤 것들은 원반의 배 부분이 보이고, 어떤 것들은 원반의 측
면이 보인다.

　우리 은하계와 안드로메다 은하는 '나선 은하'에 속한다. 나선

:: 측면이 보이는 이 은하는 나선 은하가 납작함을 알게 해준다.

:: 멕시코 모자같이 생긴 모습 때문에 '솜브레로 은하'라 불리는
타원 은하. 중간 부분의 암흑 성운이 그 뒤에 있는 별들의 빛
을 흡수하여 어두운 띠를 이루고 있다.

형 소용돌이를 따라 특히 밝은 별들이 존재한다. 이 별들은 비교
적 최근에 생긴 것들이며, 그들 사이에서 최근에도 여전히 별들이
탄생되고 있다. 여기서 '최근'이라는 말은 천문학적 의미에서 이
해해야 하며 보통은 '몇백만 년 전'을 의미한다. 이런 별들은 태
양이나 대부분의 별들에 비하면 아주 젊은 별들이다. 태양이나 다
른 별들은 그보다 수천 배는 더 나이가 많기 때문이다. 나선이 없
는 '타원 은하'들도 있다.

우리의 은하계와 마찬가지로 다른 은하들도 은하 헤일로로 둘
러싸여 있다. 헤일로는 별의 밀도가 더 낮으며, 구상성단이 있다.

:: 페르세우스자리의 은하단. 여기서는 그 중심 부분이 보인다. 이 은하단은 약 500개의 은하를 포함하고 있다. 또렷이 보이는 점들은 우리 은하의 별들이고, 뿌연 부분들이 은하들이다.

종종 우리는 비교적 좁은 공간에 수천 개의 은하들이 빽빽이 들어차 있는 은하의 무리를 발견한다. 이것은 '은하단' 이다.

한 맥동 변광성의 도움으로 안드로메다 성운의 거리를 측정한 허블은 몇몇 다른 은하도 표준 촛불을 발견함으로써 거리를 측정할 수 있었다. 그 은하들은 더 멀리 있다.

우주를 쳐다볼 때 우리의 시선은 제일 먼저 상대적으로 가까운 우리 은하의 별들을 스친다. 소형 내지 중형 망원경으로는 우선 그런 가까운 별을 볼 수 있고 이따금은 그 뒤에 있는 먼 은하도 볼 수 있다. 그러나 1948년 로스앤젤레스 남쪽 팔로마 산에 위치한 직경 5미터짜리 반사망원경이 가동을 시작하자, 전면에 나타나는 우리 은하의 별들의 수보다 더 많은 은하들을 볼 수 있게 되었다. 오늘날 최신식 망원경을 동원하면 굉장히 멀리 있는 은하들도 볼 수 있다. 사진 상으로는 멀리 있는 은하일수록 더 조그맣게 나온다. 앞으로 더 좋은 망원경이 개발되면 더 멀리 있는 은하도 분간할 수 있을 것이다.

하지만 그렇게 계속될까? 몇십억 개의 별로 이루어진 은하로 채워진 우주는 무한할까? 아니면 어디엔가 끝이 있을까?

우주가 끝없이 이어진다면 우리의 시야는 태양처럼 밝게 빛나는 은하로 가득하지 않을까? 그러면 하늘은 밤낮을 가리지 않고 똑같이 밝게 빛나지 않을까? 이에 대한 대답은 좀 더 나중에 살펴

보게 될 것인데 은하가 우주 공간을 날아가는 상상할 수 없을 정도의 빠른 속도가 해답의 열쇠가 된다.(45쪽 참조)

그건 그렇고 천문학자들은 우리와 몇백만 광년 떨어져 있는 은하의 속도를 어떻게 잴 수 있을까?

:: 허블 우주 망원경이 찍은 사진은 아주 먼 거리에 있는 은하들까지 보여준다. 점같이 생긴 것들은 우리 은하계의 가까운 별들이 아니라 멀리 있는 은하들이다.

● 빛의 파동이 말해주는 것

빛이란 무엇인가?
무엇이 우리의 망막 세포를 자극하여 뇌에 신호를 보내고 그 신호에 따라 뇌로 하여금 우리의 주변에 대한 상을 만들게 하는가? 19세기 중반부터 우리는 빛이 파동운동을 하는 전자기장이라는 것을 알고 있다. 그 장들은 약하며, 1초에 몇조 번이나 방향을 바꾼다. 그리고 우리의 망막 세포는 그것을 감지하고, 심지어 그 빛이 어떤 파장을 갖는지를 알 수 있다. 우리는 어떤 빛의 파장이 1만 분의 7밀리미터인지, 1만 분의 5밀리미터인지를 분간할 수 있다. 전자의 경우 우리 눈에 붉은빛이, 후자의 경우 파란빛이 보이기 때문이다. 우리는 빛의 파장을 색깔로 감지한다. 빛에는 언제나 다양한 파장이 섞여 있다. 붉게 달아오른 쇳조각이 보내는 빛에는 햇빛에 비해 파장이 긴, 붉은빛의 양이 더 많다. 여러 파장의 빛이 혼합된 햇빛은 흰색으로 느껴진다. 작열하는 물체의 온도가 낮을수록 그 빛의 파장은 더 길다. 그리하여 색깔을 보면 별의 표면 온도를 알 수 있다. 오리온자리의 베텔기우스는 시리우스보다 더 붉게 보인다. 베텔기우스의 온도는 약 3천 도, 시리우스는 9500도이다.

'분광기'라는 특별한 도구를 활용하면 별빛은 그 속에 혼합된 다양한 파장의 광선에 따라 분류되어, 무지개 같은 띠가 생겨난다. 왼쪽에는 짧은 파장의 빛이, 오른쪽에는 긴 파장의 빛이 위치하여 왼쪽에는 파란색 내지 보라색이, 오른쪽에는 붉은 색이 위치한다. 이 화려한 띠는 별의 '스펙트럼'이다.

그런데 태양의 스펙트럼도 그렇고, 다른 별들의 스펙트럼도 그렇고 여러 부분에 어두운 선이 나타나는 것을 볼 수 있다. 별로부터 오는 특정 파장의 빛이 우리에게 도달하지 않거나 아주 조금밖에 도달하지 못하는 것이다. 이런 일이 일어나는 원인은 별 주변 가스층의 원자들 때문이다. 가스층의 원자들은 우리에게 향하는 광선에서 특정한 파장의 빛을 걸러버린다. 원자에 따라 먹어버리는 파장이 다르므로 스펙트럼의 어두운 선, 즉 '흡수선'을 보면 별 주변의 가스층이 어떤 원자로 이루어져 있는지를 알 수 있다. 그리하여 천문학자들은 굳이 시험관에 가스가 없어도 별의 가스층을 화학적으로 분석할 수 있다.

그리고 분석 결과, 우주에서 가장 흔한 원소는 수소로 밝혀졌다. 거의 모든 별들의 스펙트럼은 별의 껍질 층이 주로 수소로 이루어져 있음을 알려준다.

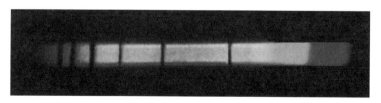

:: 어느 별의 스펙트럼. 오른쪽이 긴 파장의 붉은빛이다. 수직으로 된 어두운 선은 별의 가스층으로 인해 생성된 흡수선들이다.

🪐 도플러 효과

잘츠부르크 출신의 물리학자 크리스티안 도플러(1803~1853)는 천부적인 아이디어를 가지고 있었다. 빛은 엄청나게 빠르게 움직이지만, 그럼에도 유한한 속도로 우주를 전진한다. 나중에 도플러의 이름을 따서 명명된 효과는 바로 이런 사실에 기초한다. 도플러 효과를 모두 한번쯤 느껴보았을 것이다.

앰뷸런스가 커다란 사이렌을 울리며 우리 곁을 스쳐간다. 그때 앰뷸런스가 우리에게로 질주할 때의 사이렌 소리가 앰뷸런스가 우리 곁을 지나쳐 멀어져 갈 때의 사이렌 소리보다 더 높은 음으로 들리지 않던가? 이것이 바로 도플러 효과다. 소리뿐 아니라 빛에도 도플러 효과가 있다. 특정한 파장의 복사선을 보내는 광원은 가만히 있을 때보다 우리 쪽으로 질주할 때 더 짧은 파장으로 비추어지고, 우리에게서 멀어질 때는 더 긴 파장이 된다.

규칙적으로 전달되는 모든 신호에 도플러 효과가 적용된다. 가령 편지를 전달하는 비둘기의 사육사가 여행을 가면서 가족들에게 매일 한 번씩 편지를 써서 24시간 간격으로 각각 한 마리의 비둘기에게 날려 보내겠다고 약속했다고 하자. 그러면 사육사가 점점 가족에게서 멀어짐에 따라 비둘기가 도착하는 시간 간격은 더 벌어지게 된다. 모든 비둘기는 그 전에 간 비둘기보다 더 먼 길을 가야 하기

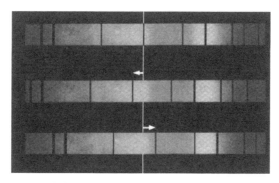

:: 스펙트럼선에 나타나는 도플러 편이. 맨 위는 별이 상대적으로 관찰자에게서 정지해 있을 때의 스펙트럼이고, 중간은 별이 우리에게로 다가오고 있을 때(청색편이), 아래는 별이 우리에게서 멀어지고 있을 때(적색편이)의 스펙트럼이다.

때문이다. 그러나 사육사가 집으로 돌아오는 길이라면 비둘기들은 더 짧은 간격을 두고 도착하게 된다. 각각의 비둘기가 가야 하는 길이 바로 전날의 비둘기가 가야 했던 길보다 줄어들기 때문이다.

광원으로부터 보내어지는 빛의 입자 즉 '광자' 도 마찬가지다. 광자들은 규칙적인 간격으로 보내어지는 전자기적 파동이다. 그리하여 도착하는 파동의 시간적 간격이 커질수록 파장이 길어진다.

별들의 스펙트럼에서 수소의 선과 같은 흡수선은 특정한 파장에서 나타난다. 별이 우리에게서 멀어질 때는 흡수선이 더 긴 파장 쪽에서 나타나고, 별이 우리에게 다가올 때는 흡수선이 더 짧은 파장 쪽에 나타난다. 천문학자는 이런 편이 현상이 얼마나 심한가를 보고 별들의 운동 속도를 계산한다.

● 도주하는 은하

　　　　　　　　　　　　　베텔기우스의 스펙트럼에
나타나는 도플러 효과는 이 별이 초속 21킬로미터의 속도로 우리
에게로 질주하고 있음을 알려준다. 그것은 시속 75,600킬로미터
에 해당하는 속도로, 지상의 속도와 비교할 수 없을 만큼 빠른 속
도이다. 그러나 은하계의 별들은 상상을 뛰어넘는 빠른 속도로 움
직이고 있다.

　은하의 빛은 각각의 별들의 빛을 합친 것이다. 모든 별들의 화
학 원소들이 거의 같은 혼합 비율로 되어 있으므로 은하들의 스펙

H + K

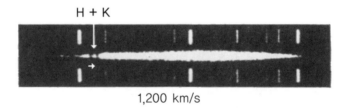

1,200 km/s

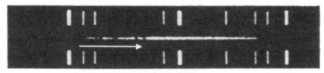

15,000 km/s

:: 두 은하의 스펙트럼. 두 스펙트럼 모두 H선+K선이라고 표시한 부분이 적색편이 되
어 있다. 위쪽 스펙트럼에서는 도주 속도가 별로 빠르지 않으므로 편이의 정도가 적
고, 아래쪽 스펙트럼에서는 도주 속도가 엄청나게 빠르므로 편이의 정도가 심하다.

트럼 흡수선은 별들의 스펙트럼과 마찬가지로 우선은 수소의 흡수선은 보여준다. 그러므로 스펙트럼에 나타나는 도플러 효과를 보면 그 은하들이 얼마나 빠른 속도로 우리와 가까워지고 있는지, 혹은 우리로부터 도망하고 있는지를 알 수 있다. 안드로메다 은하가 초속 250킬로미터 이상의 속도로 우리에게 접근하고 있는 데 반해 사냥개자리 은하는 초속 550킬로미터로 우리에게서 도주하고 있다.

1920년대 에드윈 P. 허블은 은하의 속도를 연구하고 간단한 규칙을 발견했다. 우리에게서 멀리 떨어진 은하일수록 더 빠른 속도로 우리에게서 도주하고 있는 것이었다. 거리와 속도는 서로 비례했다. 우리에게서 두 배 먼 은하는 후퇴 속도도 두 배였고, 세 배

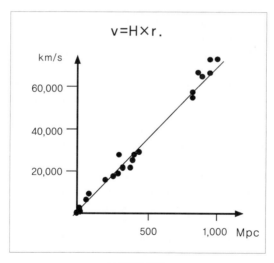

:: 허블의 법칙.

멀면 속도도 세 배가 되었다.

이 표에서 v는 km/s로 환산한 속도를, r은 메가파섹(Mpc)으로 환산한 거리를 의미한다. H는 거리 규정의 어려움으로 인해 부정확하게 알 수밖에 없는 허블상수이다. 이 책에서는 허블상수를 75로 잡을 것이다.

이 허블의 법칙은 모든 물질이 과거의 언젠가 폭발한 것처럼 한번 운동이 유발되어 계속 사방으로 날아가고 있음을 암시한다. 이런 운동의 시작을 천문학자들은 빅뱅이라고 부른다.

허블의 법칙은 정확히 들어맞지는 않는다. 불규칙하게 움직이는 은하들도 있기 때문이다. 가령 안드로메다 은하도 그렇게 우리에게 질주하고 있다. 하지만 은하들은 거리가 멀어질수록 허블의 법칙을 따른다.

우리는 마치 우리가 우주에서 아주 특별한 위치에 있는 것처럼 느낀다. 우리를 중심으로 모든 은하들이 후퇴하고 있는 것 같다. 영국의 우주물리학자 아더 에딩턴 경은 언젠가 "우리가 우주의 페스트 선종이라도 되는 양 모든 은하들이 우리 앞에서 달아나는 것처럼 보이는 것은 어찌된 일인가?"라고 표현하였다. 그러나 에딩턴은 그런 현상이 착각임을 알았다. 간단한 예가 그것을 보여준다.

이스트를 넣어 케이크를 굽는다고 생각해보자. 반죽은 완성되었고 온도도 알맞다. 이제 반죽은 부풀기 시작한다. 반죽 속에는 건포도들이 있다. 우리가 하나의 건포도가 되어 다른 건포도들을 관찰한다고 해보자. 반죽이 부풀면서 다른 건포도들은 우리에게서 멀어져 갈 것이다. 멀리 있는 건포도가 가까운 건포도보다 더 빨리 멀어질 것이다. 두 배로 멀면 두 배로 빨리 멀어질 것이다. 건포도는 허블의 법칙을 확인한다. 그러나 이때 각각의 건포도는 자신이 반죽의 중심이라고 추론해서는 안 될 것이다. 모든 건포도가 마찬가지로 다른 건포도들이 자신에게서 도망가고 있는 것을 보게 되기 때문이다. 우리도 마찬가지다. 모든 은하들이 우리에게서 도망간다고 우리가 세계의 중심이라고 추론해서는 안 된다.

또 하나 널리 퍼져 있는 오해는 허블의 법칙이 우주의 특정한

점에서 시작된 빅뱅을 상정한다고 생각하는 것이다. 한 점에서 폭발이 일어나고 폭발의 구름이 그로부터 빈 공간으로 마구 퍼져 나갔으며 물질이 서서히 점점 더 큰 공간으로 확산되면서 밀도가 낮아졌다고 말이다. 그러나 허블의 법칙은 전에는 물질의 밀도가 더 높았다는 것만을, 그리고 모든 것이 사방으로 날아가므로 시간이 갈수록 물질의 밀도가 줄어든다는 것만을 이야기하고 있을 뿐이다.

우주는 무한하고, 언제나 무한했으며, 언제 어디나 시간이 갈수록 엷어지는 물질로 채워져 있음을 보여준다. (흔히 우주 초기, 우주는 사과처럼 작았다거나 강낭콩만 했다는 말들을 한다. 그러나 그것은 전체의 우주가 아니라 오늘날 관찰 가능한 부분이 이런 크기였던 시대를 의미한다.) 빅뱅은 어디에나 있었다. 그리고 처음부터 우주는 무한까지 밀도가 높은 물질들로 가득 차 있었다. 이것은 우리의 상상을 초월한다. 그러나 우리의 상상력은 자라면서 일상 속에서 획득한 것이고, 커다란 우주에는 적용되지 않는다.

빅뱅이론은 먼 은하들의 스펙트럼에서 나타나는 도플러 효과에 의거하여 정립된 것이다. 하지만 스펙트럼선들의 적색편이 현상은 혹시 은하들의 후퇴 속도와는 아무 상관도 없는 것이 아닐까? 미국 천문학자 핼튼 알프는 겉보기에 물리학적으로 유대관계가 있어 보임에도 아주 다른 적색편이 현상을 보이는 은하들을 발견하였다. 학계의 표준적인 견해에 따르면 서로 다른 적색편이를 갖는 은하들은 서로 다른 거리에 있어야 했다. 그렇다면 이들이 붙어 있는 것처럼 보이는 것은 우연일까?

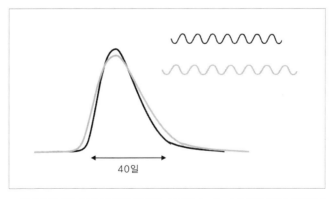

:: 우리와 가까운 초신성이 빛을 발하며(그림 중앙의 검은 커브) 광양자들을 우리에게 보낸다.(오른쪽 위, 검은 파동) 똑같은 유형의 멀리 있는 초신성은 도플러 효과로 인해 시간적으로 연장된 광양자를 우리에게 보낸다.(회색 파동) 이런 광양자들의 파장이 연장된 만큼 광도 곡선도 시간적으로 연장되어 나타난다.(회색 커브)

알프는 이런 관찰에 의거하여 아주 먼 은하들의 적색편이가 은하들의 후퇴 속도나 거리와 관계가 없다고 확신하고 있다. 정말 이것이 빅뱅이론이 틀렸다는 증거일까? 그러나 대부분의 천문학자들은 그런 견해를 따르지 않는다. 서로 연결되어 있는 것처럼 보이는데, 후퇴 속도가 아주 상이한 경우가 관찰되기는 하지만 대부분의 학자들은 그런 연결은 착각이라고 본다. 몇몇의 경우 빛이 우연히 앞쪽에 있는 은하에서 출발하여 다른 성단으로 흘러가 서로 아주 멀리 있음에도 유대관계가 있어 보일 수도 있다는 것이다. 그러나 어찌됐건 알프의 주장은 세심하게 검토되어야 할 것이다.

또한 빛이 우리에게까지 먼 길을 여행하는 동안 지친 나머지 에너지가 부족해져서 붉은 파장으로 변할 수 있다는 주장이 제기되기도 한다. 도플러 효과가 우리를 속이는 것일까? 그렇지는 않은 듯하다. 그 예로 똑같은 에너지에 똑같은 광도를 갖는 '1a형 초신성'을 들 수 있다.

이런 초신성이 멀리에 있을 경우 광도의 변화가 일어나는 시간과 광양자의 파동은 연장된다. 이는 멀리에서 폭발하는 초신성이 우리에게서 후퇴하고 있다는 독립적인 증거이다. 파동이 더 먼 거리에서 우리에게 도착할 뿐 아니라, 광도 변화의 시간적 차이 역시 연장되는 것이다. 이것은 빛이 피곤해져서 그런 것이 아니다.

● 허블과 그 결과

우주가 시작되는 시점을 상상해보자. 우리가 알고 있는 물리학이 적용되지 않는 시대로부터 빠른 속도로 밀도가 낮아지는 물질이 나왔다. 하지만 갑자기 존재하게 된 물질의 일부분들은 중력을 행사하여 서로를 끌어당겼다. 그리하여 중력은 팽창에 브레이크를 걸었다. 그러나 이런 브레이크 효과는 미미하여 오늘날까지 팽창을 중단시키거나, 수축으로 이끌지 못했다.

그러나 우주의 많은 장소에서는 중력이 오래전에 팽창에 제동을 걸었다. 그리하여 은하들은 허블의 법칙을 따라 오늘날에도 서로 멀어져 가긴 하지만 은하단에서는 공동의 중력이 모기떼 같은 은하단의 직경이 확장되지 않도록 하고 있다. 은하단은 팽창하지 않는다. 그에 반해 각각의 은하단은 서로 멀어지면서 팽창에 참여하고 있다. 각각의 은하계와 행성계도 시간이 간다고 더 팽창하지 않는다. 지구도 마찬가지다.

중력이 시간 흐름에 따라 팽창을 정지시킬지, 높이 던져진 돌이 중력으로 인해 다시 지구로 떨어지는 것처럼 팽창을 정지시키다 못해 다시 안쪽으로 수축하게 될지 알 수 없다.

빅뱅의 진동이 그렇게 머뭇거리는 것이었고, 팽창이 어느 시간이 지나면 다시 수축으로 바뀔 만큼 중력은 그렇게 강한 것일까?

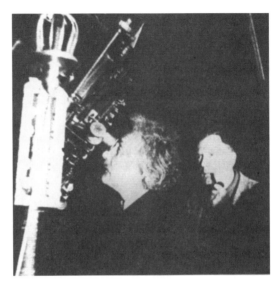

:: 역사적 장면－아인슈타인이 윌슨 천문대의 직경 2.5미터 반사망원
경을 보고 있다. 이 방문에서 허블(오른쪽)은 아인슈타인 앞에서 우
주의 팽창설을 강력하게 설파하였다.

만약 그렇다면 몇십억 년 후 우주의 물질이 다시 마구 합쳐지는
일이 일어나게 될 것이다.

그렇지 않고 빅뱅의 진동은 아주 강하고, 중력은 아주 약하다면
우주가 영원히 확장될 것이다. 현재 대부분의 천문학자들은 팽창
은 제지를 받으나 결코 천체들이 다시 합쳐지는 데까지 이르지는
않을 것이라고 생각하고 있다. 우리는 102쪽에서 다시 한번 이 내
용을 살펴보게 될 것이다.

허블의 법칙은 일견 아주 간단해보인다. 3C273이라는 이름의 핵을 가진 은하는 초속 약 120,000킬로미터로 우리에게서 후퇴하고 있다. 이는 광속의 반 정도에 해당하는 속도이고, 허블의 법칙에 따르면 그 은하는 우리에게서 5억 광년 정도의 거리에 있는 것이다. 그러면 역시 허블의 법칙에 따라 그보다 세 배 멀리 떨어져 있는 은하는 초속 360,000킬로미터의 속도로 우리에게서 멀어지고 있다는 계산이 나온다. 하지만 이것은 빛보다 빠른 속도가 아닌가! 이미 상대성이론에 대해 들어본 사람들은 머리가 쭈뼛 설 것이다. 물리학 법칙에 의하면 광속은 능가할 수 없는 속도 아닌가?

우리는 이 원칙을 좀 더 자세히 관찰해야 한다. 아인슈타인의 상대성이론이 말하는 것은 단지 우리가 어떤 지점에서 어떤 물체에 가한 속도는 아주 빨라질 수는 있지만 바로 그 자리에서 우리가 나중에 보낸 빛이 그 물체를 추월하게 되어 있다는 것이다. 모든 물체는 출발점과 관련하여 광속 이하로만 움직일 수 있다는 것이다. 그러나 빅뱅은 어떤 한군데 장소에서 일어난 것이 아니다.(48쪽 참조) 그러므로 3C273보다 세 배의 거리에 있는 가상의 은하는 결코 우리 은하와의 교점이 없고 그리하여 광속을 능가한다 해도 물리학의 기본 법칙에 저촉되지 않는다. 물론 우리는 광속을 능가하여 날아가는 은하를 볼 수 없을 것이다. 거기에서 방출되는 빛은 우리에게 영원히 도달하지 못하고, 그들 역시 우리 은하의 빛을 보지 못할 것이기 때문이다.

허블의 법칙을 숙고하는 사람은 쉽게 다음 오류에 빠질 수 있다. 허블의 법칙은 100메가파섹 거리에 있는 A라는 은하는 초속 7,500킬로미터의 속도로, 200메가 파섹의 거리에 있는 B라는 은하는 초속 15,000킬로미터의 속도로 우리로부터 후퇴한다고 말한다. 하지만 A라는 은하가 현재 B 은하의 자리에 갈 때는 어떻게 될까? 허블의 법칙에 따르면 은하 A는 그러면 초속 15,000킬로미터의 거리로 움직여야 할 것이다. 하지만 중력은 팽창을 저지한다고도 하는데… 모든 은하는 시간이 갈수록 더 빨리 움직이게 되는 것일까?

그렇지 않다. 허블의 법칙은 오늘날 관찰 가능한 은하에만 해당하는 것이다. 허블상수가 시간이 지나면서 변하지 않을 때만이 우리는 은하의 후퇴 속도가 더 가속된다고 추론할 수 있을 것이다. 그러나 허블의 법칙은 시간에 따른 허블상수의 변화에 대해서는 언급하지 않고 있다.

　　　　　　　　　　　　　　　자신들이 구(球) 위에 살고
있음을 알았을 때 사람들은 이 구가 세계의 중심이라고 확신했었
다. 니콜라우스 코페르니쿠스는 16세기에 그런 사람들에게 행성
이 지구 주위를 도는 것이 아니라 태양 주위를 돈다고 알려주었
다. 그 후 태양이 하나만 있는 것이 아니라 모든 별들이 다 태양이
라는 것을 깨닫기까지는 얼마 걸리지 않았다. 그래도 1차 세계대
전까지는 태양계가 은하계의 중심인줄 알았다. 하지만 그때 할로
우 셰플리가 나타나 이런 환상을 뒤집어엎고 태양계가 은하의 중
심이 아님을 가르쳤고, 얼마 후 에드윈 허블은 우리 은하는 많은
은하 중의 하나일 뿐임을 설파하였다. 이런 단계를 거칠 때마다
인간은 차츰 차츰 더욱 미미한 존재가 되어 갔으며, 인간이 세계
의 배꼽이 아님을 깨닫게 되었다.

　우리는 건포도의 예에서처럼 다른 은하들이 우리에게서 후퇴한
다고 우리가 우주 팽창의 중심이라고 말할 수 없다. 그리하여 천
문학자들은 우리가 우주에서 전혀 특별한 위치에 있지 않다고 받
아들인다. 다른 말로 하면, 우주는 우리 은하계에 있든 먼 은하에
있든 모든 관찰자에게 동일한 광경을 제공한다는 것이다. 이것은
우주학의 원칙이다. 학자들은 이 원칙에서 흔들리지 않는다.

　하지만 우리는 하늘에서 은하수를 보는데 은하의 헤일로에 있

는 관찰자는 원반 모양의 은하를 보게 될 것 아닌가. 그렇다면 이 것은 우주학의 원칙에 위배되는 것 아닐까? 그렇지 않다. 앞서의 우주학 원칙은 단지 커다란 공간적 구조가 같다는 의미이다. 헤일 로에 있건, 원반 속에 있건 관찰자는 모두 은하로 가득 찬 하늘을 본다. 허블의 법칙에 따르면 그에게서 후퇴하고 있는 은하들을 말 이다. 관찰자가 은하들을 측정하고 그로부터 주변 물질의 평균 밀 도를 측정할 수 있다면 우주의 모든 자리는 똑같은 것이다.

허블의 법칙은 이 원칙을 뒷받침한다. 우주의 모든 장소에서 볼 때 은하의 움직임이 동일한 법칙을 따른다는 것이다. 이 원칙을 증명할 수는 없다. 그러나 우주학자들의 우주 모델은 이 원칙을 전제로 하고, 관찰 결과가 이에 위배되지 않는 한 이 원칙을 고수 하고 있다.

우리는 이미 우주의 팽창이 어느 한 지점에서 시작되었다는 생 각이 허블의 법칙에서 나온 것이 아니라는 것(48쪽 참조)을 살펴 본 바 있다. 이런 오해는 또한 우주학 원칙에도 모순된다. 폭발이 어느 한 지점에서 시작되었다면 폭발 구름 속에서 관찰의 중심점 이 있을 것이고, 폭발이 미치지 못한 지점들도 있을 것이며, 중심 에 위치한 관찰자와 주변에 위치한 관찰자에게 우주는 완전히 다 르게 보일 것이기 때문이다.

☄ 우주는 얼마나 오래되었을까?

허블이 발견한 우주의 팽창은 우주가 유한한 시간 전에 시작되었음을 암시한다. 특정 거리의 은하가 우리에게서 후퇴하고 있는 속도를 보고 그 은하가 언제 우리 은하와 가까이 있었을까 하는 것을 알 수 있다. 그렇다면 예전에는 우주 공간의 물질이 거의 무한하게 밀도가 높았었다는 이야기인데… 우주의 시작은 언제였을까? 허블은 자신의 관찰 데이터에 근거하여 우주의 나이를 180억 년으로 계산했다. 허블이 이런 계산 결과를 내어놓을 당시 지질학자들은 지구의 나이가 그보다 훨씬 많을 것으로 추정하고 있었다.

은하의 후퇴에 근거해서 측정한 우주의 나이는 멀리 있는 은하들이 우리로부터 얼마만큼 떨어져 있는지 하는 가정된 거리에 민감하게 좌우된다. 할로우 셰플리는 거문고자리 RR 변광성들을 이용하여 우리 은하계의 거리를 측정했고, 광도가 더 센 세페이드 변광성들은 이웃 은하와의 거리를 규정할 수 있게 하였다. 오늘날 표준 촛불로 이용되는 폭발하는 별(1a형 초신성)은 더 먼 거리를 측정할 수 있게 한다.

별이 정말로 아주 멀리 있기 때문에 빛이 그렇게 약하게 보이는 것일까? 아니면 도중에 먼지 구름을 뚫고 우리에게로 와야 하기 때문에 그렇게 약하게 보이는 것일까? 거리 측정에서 실수가 빚어지면 허블의 법칙으로부터 유추되는 우주의 나이 또한 잘못 계산될 수밖에 없다. 우리는 오늘날 먼 은하들까지의 거리 측정에 어떤 실수가 있었는지는 알지 못한다. 지난 수십 년 동안 세계인들은 우주의 생성에 대한 생각을 근본적으로 뒤집어엎는 가설들에 의해 거듭 충격을 받아왔다. "빅뱅이 있었다!" "빅뱅은 없었다!" "빅뱅을 의심하는 자는 과학의 이단아로 추방될 것이다." 등등의 말들이 언론에 떠돌았다. 어떤 별들이 허블의 법칙으로 계산한 것보다 훨씬 더 나이가 많은 것처럼 보일 때 그런 말들이 나왔다. 계란이 닭보다 먼저인 것 같을 때 말이다.

그러나 이제는 서로 다른 나이 규정 방법들이 모두 동의하는 유력한 우주 나이가 제기되었다. 그에 따르면 팽창은 130억 내지 140억 년 전에 시작되었다.

별들은 원자로다. 그들은 빛과 열의 형태로 에너지를 방출한다. 이 에너지는 별의 깊숙한 내부에서 나온다. 그곳에서 원자핵은 서로 융합되어 다른 화학 원소의 핵을 형성한다. 무엇보다 우주의 가장 흔한 원소인 수소의 핵이 융합되어 헬륨 원자핵이 된다. 우리가 살 수 있는 것은 바로 이렇게 수소가 헬륨으로 융합되는 현상 덕분이다. 이것이 바로 태양에너지의 근원인 것이다. 태양은 40억 년 전부터 빛을 발해 왔고 아직 핵연료의 반도 소비하지 않았다. 앞으로 60억 년이 더 지나야 태양에게서 첫 번째 노쇠 현상이 감지될 것이다. 그러고 나면 태양의 복사력은 급격히 상승하여 태양은 부풀어 올라 붉은 거성이 될 것이고 그 표면은 지구까지 미칠 것이다. 그리고 그 후 태양은 사그라지고 복사에너지도 잃게 될 것이다.

천문학자들은 별의 일생을 컴퓨터로 추적할 수 있다. 질량이 큰 별일수록 태어나서 핵연료를 다 써버리기까지의 기간이 더 빠르다.

어느 별의 중심에 수소가 바닥이 나면 그 별은 태양 지름의 100배에 해당하는 붉은 거성이 된다. 질량이 태양 정도인 별은 태어난 지 100억 년 정도 지나면 그런 일이 일어나고, 태양 질량의 30배 가량인 별은 수명이 수백만 년밖에 되지 않는다.

따라서 별의 지름을 보면 나이가 얼마나 들었는지 알 수 있을 것이다. 그런데 지름은 어떻게 잴까? 망원경으로 별들을 쟁반처럼 볼 수 있다면 어떤 별이 벌써 나이가 들었고 어떤 별은 아직 청년인지 쉽게 확인할 수 있을 것이다. 그러나 멀리 있는 별들은 가장 커다란 망원경으로 보아도 점으로밖에 보이지 않는다. 하지만 천문학자들은 별의 색깔과 밝기로 별의 지름을 측정할 수 있는 방법을 찾았다.

🪐 노인 별

　　　　　　　　　　세계는 얼마나 오래되었을까?
지질학자들은 암석층을 연구하여 나이를 가늠한다. 캐나다 북서
쪽 암석은 약 40억 년 된 것으로 추정되고 있으며 지구에 떨어진
운석들은 약 45억 년 된 것으로 보인다.

　천문학자들은 완전히 다른 방법으로 태양의 나이를 규정한다.
태양은 태어나면서부터 수소를 헬륨으로 변화시키고 있다. 그리
하여 오늘날 태양 내부에는 헬륨이 많고, 동시에 태양의 지름과
복사력도 약간 변했다. 컴퓨터로 연구한 결과 오늘날 우리의 태양
은 약 46억 년 된 컴퓨터 태양 모델과 일치하는 것으로 나타났다.
이런 태양의 나이는 지구, 그리고 운석의 나이와 일치하는 것이
다. 그러나 태양은 결코 늙지 않았다. 구상성단의 별들은 태양보
다 두 배는 더 늙었다.

　한 성단에 있는 별들은 동시에 생성되었으므로 나이가 모두 같
다. 그런데 그들 중 질량이 작은 것들은 아직 중심부에 충분한 핵
연료가 남아 있는 데 반해 그들 중 질량이 큰 것은 이미 수소 저장
고가 바닥이 나서 부풀었다.

　구상성단에 위치한 별들 중 태양과 비슷한 질량의 별들은 전혀
소진 기미가 없는데 반해 질량이 태양의 1.3배가 넘는 별들은 이
미 부풀고 있는 것이다. 나이를 정확하게 측정하려면 구상성단에

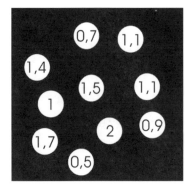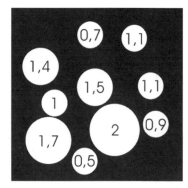

:: 왼쪽은 같은 나이의 젊은 별들의 무리를 도식적으로 그려 놓은 것이다. 태양 질량을 기준으로 질량이 제시되어 있다. 오른쪽 그림은 약 120억 년 후의 같은 별들의 도식적인 그림이다. 태양 질량의 1.1배가 넘는 큰 별들은 이미 부풀었다.

서 이미 부풀기 시작한 별들이 어느 정도의 질량을 가진 것인지를 알아내야 한다. 컴퓨터 모델로 계산한 결과 질량이 태양의 1.3배 정도인 별은 약 110억 년의 나이에 뚜렷한 소진 증상을 보이는 것으로 나타났다.

구상성단에 속한 별들의 나이 측정을 한 결과 그들 중에 가장 오래된 것이 120억 년 되었다는 결과가 나왔다. 팽창 운동을 근거로 계산한 나이는 130억 년에서 150억 년 사이니 계란이나 닭이나 비슷하다.

🪐 별이 아닌 퀘이사

많은 은하는 빛뿐 아니라 전파를 방출한다. 전파는 대부분 전자가 자기장 안에서 움직이며 전자기선을 방출하는 뜨거운 가스 덩어리에서 나온다. 하지만 1960년 경 캘리포니아의 천문학자들은 별에서도 전파가 나온다는 사실을 알아냈다. 사람들은 이런 별을 '퀘이사 전파원' 이라 부르고 줄여서 '퀘이사(준성, 準星)' 라고 불렀다. 그런데 하나 혹은 몇 개의 밝은 선이 나타나는 스펙트럼에서 좀 수상쩍은 것을 발견하였다. 사실 밝은 선들, 소위 방출선 자체는 특별한 것이 못된다. 방출선은 많은 별의 스펙트럼에서 볼 수 있다. 화학 원소의 원자들이 빛을 방출할 수 있기 때문으로, 특정 원자의 파장에서 방출선이 나타나곤 한다. 그러나 퀘이사의 스펙트럼 방출선들은 이상했다. 그것들은 지구나 우주에서 관찰되는 화학 원소의 것이 아닌 듯싶었다.

학자들은 머리를 싸맸고 해답은 놀라웠다. 퀘이사의 스펙트럼 선은 우리가 익히 아는 화학원소, 무엇보다 수소에서 연유하는 것이었다. 그러나 그것이 예기치 않게 스펙트럼선의 적색 부분 쪽으로 심하게 밀려나 있었던 것이다. 이렇게 적색편이가 일어난 이유는 단지 도플러 효과에 기인하는 것으로 보였다. 그렇다면 퀘이사는 극도로 빠른 속도로 우리에게서 멀어져 가고 있다는 이야기였다. 맨 먼저 발견된 두 개의 퀘이사는 우리에게서 각각 초속 45,000킬로미터, 초속 110,000킬로미터로 멀어져 가고 있다. 그것들은 우리 은하의 별들일 리가 없다. 은하의 중력으로는 그런 빠르기의 천체를 붙잡아둘 수 없으니까 말이다. 그 두 퀘이사들이 허블의 법칙을 따른다면 그 거리는 각각 20만 광년과 50만 광년에 육박한다.

실제로 퀘이사는 그 밝은 핵만 알아볼 수 있는 멀리 있는 은하들이다. 가장 후퇴 속도가 빠른 퀘이사는 2000년에 발견된 초속 293,000킬로미터의 속도를 가진 퀘이사다. 허블의 법칙에 따르면 이 퀘이사까지의 거리는 120억 광년에 해당한다.

● 보이지 않는 구름들

　　　　　　　　　　　　　　　퀘이사의 스펙트럼을 자세히
관찰하면 눈에 띄게 밝은 선들 외에 수많은 가느다란 어두운 선들
이 나타난다. 이런 어두운 선들은 빛이 우리에게 오는 길에 거치
는 가스구름 때문에 생긴다. 퀘이사 빛이 가스구름을 통과할 때
무엇보다 수소가 특정 파장의 빛을 걸러내는 것이다.

　실험 결과 빛이 수소 기체를 통과할 때 수소 기체는 무엇보다
1.2/10,000밀리미터의 파장의 빛들을 흡수해버린다. 그 가스구름
을 통과한 빛의 스펙트럼에는 흡수선이 나타난다. 이런 흡수선은
미국 물리학자 테오도르 리만의 이름을 따라 '리만 알파선'으로
불린다. 그러나 이 흡수선이 있는 스펙트럼 영역은 우리 눈에 보
이지 않는다. '자외선' 영역에 위치해 있고 그 파장은 가시광선의
가장 짧은 파장보다 더 짧은 것이다. 그럼에도 불구하고 우리가

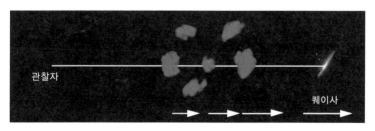

:: 먼 퀘이사의 빛은 관찰자에게 오는 길에 여러 번 수소 구름을 통과하고, 각각의 구름은 스펙
　트럼에 흡수선으로 나타난다. 관찰자에게 멀리 떨어져 있을수록 수소 구름들은 관찰자로부터
　더 빠르게 후퇴하며, 그리하여 흡수선들의 적색편이도 더 심해진다.

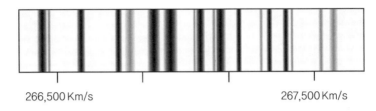

266,500 Km/s   267,500 Km/s

:: 수소 구름의 리만 알파선이 보이는, 초속 269,000킬로미터로 도주하는 퀘이사의 스펙트럼 단면. 선이 오른쪽에 나타날수록 구름의 도주 속도가 더 빠른 것이다. 퀘이사의 방출선은 오른쪽으로 훨씬 더 가서 있으므로 이 사진에서는 보이지 않는다.

퀘이사의 스펙트럼에서 리만 알파선을 볼 수 있는 이유는 원래는 보이지 않았을 이 수소선이 우주의 팽창으로 인해 도플러 효과가 나타나 파장이 길어져서 가시광선 영역으로 편이되었기 때문이다. 수소 구름들의 거리는 우리에게서 각각 상이하고, 역시 각각 다른 속도로 움직이며, 수소의 흡수선도 각각 상이한 정도로 편이된다. 그 때문에 먼 퀘이사의 스펙트럼에는 많은 수소 구름들의 리만 알파선들이 나란히 나타나고, 학자들은 그것을 '리만 숲'이라고 부른다. 나중에(80쪽에서) 우리가 이런 구름들을 통해 우주의 먼 과거에 대해 배울 수 있음을 보게 될 것이다.

● 우주 속의 방사성

　　　　　　　　　　　　　　　　　사람들은 늘 이런 질문을 한다. 우리는 어디에서 왔는가? 모든 것은 어떻게 시작되었는가? 종교는 그런 의문에 창조의 이야기로 답을 준다. 하느님이 하늘과 땅을 창조하고 빛과 어둠을 가르고 낮과 밤을 만들고 땅과 바다를 만들었으며, 그 후에 생명을 창조했다고…. 《구약성서》〈창세기〉의 창조 이야기는 하느님이 하늘과 땅을 만들기 전에는 무엇이 있었는지 설명하지 않는다. 그 세계는 아무 일도 일어나지 않아서, 기록할 가치가 없는 세계였을 것이다. 허블의 법칙이 시사하는 창조의 이야기도 그 시작에 대해 명확히 언급하지 않는다.

　시간이 지나면서 팽창을 통해 우주에 물질의 밀도가 낮아진다. 팽창 운동에 근거해 계산하여 우리는 물질이 유한한 시간, 즉 약 140억 년 전에 무한하게 밀도가 높았을 것이라고 추측한다. 물론 이 맨 처음의 1초도 안 되는 아주 미세한 순간에는 우리가 알고 있는 물리학 법칙이 적용되지 않았을 것이다. 우리는 물질이 그런 극단적인 조건에서 어떻게 행동하는지 알지 못한다. 창세기가 창조 전의 시간을 언급하지 않는 것처럼 물리학은 태초에 무슨 일이 있었는지에 대해 설명하지 않는다. 우주가 팽창한다는 것을 몰랐다 하더라도 그 시작은 우리에게 수수께끼 같은 것이고, 우리는 유한한 시간 전에 결정적인 사건이 있었다고 생각할 따름이다.

우주에는 우라늄이나 토륨처럼 저절로 붕괴하여 다른 원소가 되고 마지막으로 납이 되는 방사성 원소들이 있다. 우라늄은 그러기까지 45억 년이 걸리고, 토륨은 140억 년이 걸린다. 이런 원소들이 무한한 시간부터 존재했고, 그것들이 새로 탄생되는 과정이 없었다면 이런 원소들은 오래 전에 분열되어 버리고 없을 것이다. 물질 보존의 법칙에 따라 그것들은 다른 화학 원소에서 생성되어야 하는데, 그것들이 끊임없이 분열하면 그들의 원료가 되는 원소도 바닥날 것이 아닌가! 그러므로 방사성 원소가 어떻게 생성되느냐 하는 문제와 무관하게 그것들은 유한한 시간 전에 생성되었음에 틀림없다.

우리의 생명유지에 필요한 수소와 산소, 우리 뼈의 칼슘, 유전자의 뉴클레인산의 인산 같은 원소들이 어떻게 세계에 존재하게 되었는가 하는 질문은 커다란 학문적 발견으로 이어졌다.

● 가모브의 꿈

모든 화학 원소가 물질과 복사선의 형태로 빅뱅으로부터 생겨났을까 아니면 빅뱅 뒤에 형성되었을까? 우주의 가장 먼 구석에도 우리가 이곳 태양계에 존재하는 것과 똑같은 화학 원소가 존재할 뿐 아니라, 그런 원소들의 혼합비율이 대략 똑같다고 하는 사실은 놀라운 일이다. 태양은 69퍼센트의 수소와 29퍼센트의 헬륨으로 이루어져 있으며, 칼륨, 탄소, 니켈, 나트륨 등 여타 화학 원소들이 나머지 2퍼센트를 이룬다. 다른 별들도 대략 마찬가지다. 우리는 우주 곳곳이 가벼운 원자와 무거운 원자를 막론하고 혼합비율이 동일하다는 것을 발견한다.

러시아 출신의 물리학자 조지 가모브(1904~1968)는 20세기 초반 빅뱅 직후 모든 화학 원소의 원자핵이 아주 단순한 구성 요소인 양성자와 중성자로부터 형성되었다는 가설을 세웠다. 양성을 띤 양성자들은 서로 밀쳐내므로 그것들이 서로 융합하려면 아주 강력하게 결합되어야 하는데, 그러기 위해서는 서로 커다란 속도로 만나는 수밖에 없고, 그러려면 빅뱅 당시 수십억 도에 해당하는 온도가 필요했을 것이다. 가모브와 동료들은 이렇게 높은 온도에서 원소들이 형성되었다면 우주가 팽창하는 동안 이때 방출된 뜨거운 방사선은 식긴 했겠지만 오늘날도 여전히 마이크로파로 공간을 채우고 있을 것이라고 유추했다.

　모든 화학원소가 빅뱅 후 곧장 형성되었다는 가모브의 상상은 나중에 틀린 것으로 드러났고, 대부분의 화학원소는 나중에 별에서 생성된 것으로 밝혀졌다. 하지만 가모브가 예견했던 마이크로파의 존재는 15년 뒤에 발견되었다. 하지만 물리학자들이 일부러 가모브가 예언했던 마이크로파를 찾고 있었던 것은 아니었다.

☄ 차가운 열복사선

1964년 미국 뉴저지 벨 연구소의 물리학자 아르노 펜지아스와 로버트 윌슨은 안테나와 수신기로 7.35센티미터의 전파를 수신할 수 있는지를 실험하고 있었다. 그때 그들은 어떤 방향으로 안테나를 돌려도 변함없이 우주로부터 복사선이 감지된다는 것을 깨달았다. 복사선은 모든 방향으로부터 왔다. 오늘날 학자들은 그 복사선을 '우주배경복사선'이라고 부르는데, 이것은 가모브와 동료들이 예언했던 뜨거운 빅뱅으로부터 남은 방사선이다.

1989년에 이것을 더 정확히 연구하기 위해 우주배경복사 탐사 위성을 쏘아 올렸다. 코베(COBE : Cosmic Background Explorer)라는 위성이었다. 코베는 우주배경복사선이 섭씨 약 영하 270도의 열복사선이라는 것을 규명하였다. 영하 270도의 열복사선이라고? 혀가 잘 돌아가지 않는다. 그러나 이런 온도는 어쨌든 절대적으로 차가운 것, 즉 물리학자들이 상정하는 가장 낮은 온도인 절대 영도를 기준으로 3도에 해당하는 온도이다. 이런 복사선을 발견한 것이 얼마나 중요한 업적이었는가는 안테나에 잡힌 이 차가운 열복사선이 그 옛날 2200만 배 더 강하게 방사되었다는 사실을 떠올리면 실감할 수 있을 것이다. 이 우주배경복사는 빅뱅이 뜨거운 복사선과 함께 시작되었다는 가모브의 예언을 확인하는 것이다.

　계속적인 숙고를 위해 우주를 간단한 모델로 상상해보도록 하자. 우주의 물질이 공간에 균일하게 배분되어 있다고 생각하자. 태양 크기의 구는 280그램의 물질을 포함하고 있다. 하지만 우주는 또 배경복사선으로 채워져 있다. 복사선이 아무리 약하다고 하여도 우리가 상정한 구에는 2800만 킬로와트시(kWh)의 복사 에너지가 포착된다. 히로시마에 떨어졌던 원자폭탄에 해당하는 에너지다. 그런데 에너지는 아인슈타인에 의하면 곧 질량이기도 하므로 ─ 둘은 서로 변화될 수 있다.(이 에너지를 그램으로도 표시할 수 있다.) 그러면 우리의 구에는 1그램의 복사선이 있는 것이다. 이 1그램은 280그램의 진짜 물질에 비하면 적은 양 같다. 그러나 언제나 그랬던 것은 아니었다.

우주배경복사선은 우리에게 젊은 시절의 우주에 대해 알 수 있게 한다. 그것을 위해 다시 한번 우리의 단순화된 우주 모델에 존재하는 앞서 소개한 구를 관찰해 보자. 질량과 복사선은 이 태양 정도 크기의 천체에 아주 정상적인 상태, 즉 우리가 여기 이 자리에서 가지고 있는 것과 똑같은 원자의 상태로 존재한다. 우리는 복사선도 가까이에 가지고 있다. 우주복사선은 전자레인지의 복사선과 다르지 않다. 물론 전자레인지가 방출하는 복사선보다 아주 엷지만 말이다. 우리는 가상의 구에 있는 질량과 복사선을 다루는 것에 익숙하다. 그러므로 사고실험(思考實驗)을 통해 만약 우리가 이 구를 압축한다면 어떤 일이 일어날까 생각해보자. 우주의 팽창 과정을 과거로 되돌려보자는 것이다. 구에 있는 물질들이 취하는 양상은 초기의 우주가 어떠했는지를 보여줄 것이다. 사고실험을 통해 우리는 원칙적으로 구를 계속 압축함으로 점점 우주 초기의 상태에 근접하여 빅뱅 가까이까지 이를 수 있다.

이렇게 누르면 물질의 밀도와 복사선의 밀도가 증가한다. 그리고 구에 있는 물질은 점점 뜨거워진다. 우리가 누르기 위해 일을 해야 하고, 이 에너지는 우선적으로 복사선으로 방출되기 때문이다. 그리고 그에 맞게 온도도 올라간다. 오늘날 물질에 내재

구의 직경	양성자, 중성자, 전자	광자	온도	빅뱅 후의 시간
140만 킬로미터	280g	1g	3K	140억 년(현재)
1400 킬로미터	280g	1000g	3000K	30만 년

:: 가상의 구의 직경과 상태. 위 칸은 오늘날(140억 년)의 우주의 상태(물질의 질량, 복사선, 온도)이고, 아래 칸은 빅뱅 후 약 30만 년이 지난 시점의 상태이다.

된 에너지에 비해 배경복사선은 너무나도 미미하여, 아주 민감한 측정 도구로만 측정이 가능할 따름이다. 그러나 우리의 구를 압박하면 복사에너지가 차지하는 비율은 물질에 내재된 에너지를 뛰어넘는다. 즉 과거에는 오늘날보다 복사선이 훨씬 중요했다는 이야기다.

이제 우리의 구를 원래 크기의 1천 분의 1가량으로 압박해보자. 구 안에는 여전히 280그램의 물질이 들어 있다. 그러나 복사선은 더더욱 강해진다. 구를 누르기 위해 우리가 가하는 모든 노력은 복사선으로 바뀐다. 그리하여 이제 복사에너지를 질량으로 환산하면 물질의 질량의 여러 배가 된다. 구 안의 온도는 절대온도 3도에서 3천 도로 올라간다. 이 상태는 빅뱅 후 30만 년이 흐른 우주의 상태에 해당한다.

☄ 우주가 맑아지다

　　　　　　　　우리는 사고실험을 지속하여 구를 더욱 압박할 수 있을 것이다. 하지만 일단은 복사선의 온도가 3천 도에 이른 시점에 머물러 보자. 이때가 우주의 역사의 전환점이었다.

　수소원자는 양성자 하나로 된 원자핵과 그 주위를 도는 전자 하나로 이루어져 있다. 복사선과 물질이 3천 도보다 더 높았을 때 수소 원자는 존재할 수 없었다. 수소 원자에 전자가 걸여되어 있었던 것이다. 양성자들과 전자들은 따로 따로 날아다녔다. (양성을 띤) 원자핵이 (음성을 띤) 전자를 끌어당기긴 했지만 날아다니는 광양자나 양성자나 전자와 충돌하여 곧 다시 분리되었다. 자유롭게 날아다니는 전자들은 또한 복사선의 진행을 방해했다. 그리하여 광자들이 조금만 전진할라치면 계속 전자들에 의해 방향이 바뀌었다. 당시 빛은 오늘날의 짙은 안개에서처럼 행동했다. 안개 속에서는 빛이 전진하지 못한다. 안개 속의 물방울들이 광자들이 멀리 직진하는 것을 방해하는 것이다.

　하지만 이런 우주 '안개'의 시기는 빅뱅이 있은 지 약 30만 년 후 온도가 3천 도 이하로 떨어지면서 막을 내렸다. 이제 광자와 날아다니는 입자들의 에너지는 수소 핵에서 전자를 다시 분리해 낼 만큼 크지 못했다. 그리하여 갑자기 물질은 주로 전기적으로 중성을 띠는 수소 원자로 이루어지게 되었다. 그리고 수소 원자핵에 사로잡힌 전자들이 더 이상 빛의 진행에 방해가 되지 않음으로 우주는 갑자기 밝아지게 되었다.

빅뱅 후 30만 년에 빛이 시작된 것이다.

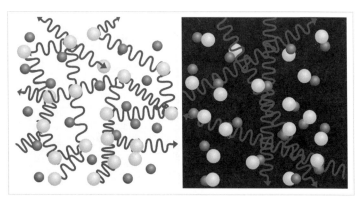

:: 우주에 빛이 생겼을 때. 왼쪽 그림: 온도가 3천 도 이상이다. 전자(밝은 회색)와 양성자(어두운 회색)는 아직 결합되지 않았다. 광자(파동선)들은 전자들의 진로 방해를 받았다. 오른쪽 그림: 양성자와 전자가 결합하여 중성을 띤 수소핵이 되었다. 빛은 직진할 수 있다.

빛이든, 라디오파든, 열복사선이든 전자기파는 모두 초속 30만 킬로미터의 속도로 공간을 전진한다. 그러므로 오늘날 우주를 들여다볼 때 우리는 아주 멀리에 있는 오늘날의 우주를 보는 것이 아니라, 빛이 방출되었던 당시의 우주, 가령 안드로메다 은하로 따지면 2백만 년 전의 은하를 보는 것이다. 따라서 우주를 들여다보는 것은 동시에 과거를 들여다보는 것이며, 이것은 다시금 우리의 일상생활에서는 경험하지 못하는 현상이다.

우리에게 익숙지 않은 이런 상황을 한번 구체적으로 떠올려 빛이 달팽이보다 천천히 움직이는 마법의 세계로 들어가 보자. 이 세계에서 산봉우리에 서서 풍경을 바라본다고 하자. 거의 60광년 떨어져서 본다고 가정할까? 그래 봤자 빛이 전진하는 속도가 달팽이보다 느리다면 빛은 60년 동안 얼마 진행하지 못하므로, 우리는 가까운 곳에서 1945년의 세계를 보게 될 것이다. 우리는 2차 세계대전이 빚은 폐허와 당시의 사람들을 보게 될 것이다. 주변에 폭탄이 떨어지는 것이 보일 것이며, 망원경으로 좀 더 멀리 바라보면 나폴레옹의 군대가 전쟁에서 패배한 후 러시아에서 돌아오는 것을 볼 수 있을 것이다.

이렇듯 우주를 들여다보면 우리는 과거에 우주가 어떠했나를

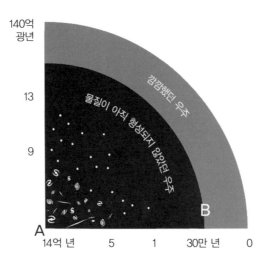

여기서 세로축의 값은 위에서부터 `140억 광년`, `13`, `9`이며, 가로축의 값은 왼쪽부터 `14억 년`, `5`, `1`, `30만 년`, `0`이다. 그림 안의 곡선 영역에는 `깜깜했던 우주`, `물질이 아직 형성되지 않았던 우주`라는 글자가 적혀 있고, 왼쪽 아래 꼭짓점에 `A`, 오른쪽 아래에 `B`가 표시되어 있다.

:: 왼쪽 아래 구석에 있는 관찰자 A는 우주를 바라보는 동시에 과거를 바라본다. 세로축은 거리를 의미하고, 가로축에는 우리에게 도달하는 광자가 보내졌던 연대가 기입되어 있다. 이 그림은 관찰자 A가 우주의 중심인 듯한 인상을 준다. 그러나 그는 그의 시야에서만 중심에 있는 것이다. 관찰자 B의 위치는 관찰자 A의 위치와 다를 바 없다. B가 A쪽을 바라보면 그 역시 과거를 들여다보는 것이고, 그곳에서 물질이 막 빛을 얻는 것을 보게 되는 것이다.

알 수 있다. 우리는 우주에서 공간에 흩어져 있는 천체들을 볼 뿐 아니라, 동시에 그 역사를 본다. 우리는 이웃한 은하들도 보지만, 더 멀리 별들이 아직 존재하지 않았던 시대를 본다. 아직 물질의 구조가 이루어지지 않았던 시기… 그리고 더 멀리, 더 먼 옛날, 빅뱅 후 30만 년 밖에 지나지 않은 시대에서 세계가 갑자기 밝아졌던 순간을 본다. 우리는 3천 도의 어두운 벽을 응시한다. 그곳이 지금도 계속 깜깜하기 때문이 아니라, 지금 우리에게 도달한 빛이 보내졌을 당시에 깜깜했기 때문이다. 그보다 더 멀리, 정확히 말해 그보다 먼 과거로는 우리의 시야가 도달할 수 없다.

　왼쪽 아래 구석에 있는 관찰자 A는 우주를 바라보는 동시에 과거를 바라본다. 세로축은 거리를 의미하고, 가로축에는 우리에게 도달하는 광자가 보내졌던 연대가 기입되어 있다. 이 그림은 관찰자 A가 우주의 중심인 듯한 인상을 준다. 그러나 그는 그의 시야에서만 중심에 있는 것이다. 관찰자 B의 위치는 관찰자 A의 위치와 다를 바 없다. B가 A쪽을 바라보면 그 역시 과거를 들여다보는 것이고, 그곳에서 물질이 막 빛을 얻는 것을 보게 되는 것이다.

66쪽에서 잠깐 리만 숲 흡수선을 살펴보았다. 먼 퀘이사의 빛들을 걸러내는 구름에서 연유한 흡수선들 말이다.

학자들은 1994년 하와이에 있는 직경 10미터의 대형 망원경으로 머나먼 퀘이사의 스펙트럼에 나타나는 탄소분자의 흡수선을 발견했다. 탄소분자들은 우주배경복사선에 의해 데워지는데, 이 분자의 흡수선을 보면 그 온도를 알 수 있다. 정확히 말해 분자들이 데워지는 현상은 그 분자들이 위치한 구름이 아주 멀리 있어서, 우리가 그것을 아주 먼 옛날의 상태로, 그 당시 우주배경복사선을 받았던 그대로 관찰하게 되기 때문이다. 복사선은 탄소 분자를 절대온도 7.4도로 데웠다. 이런 현상은 전에는 배경복사선이 더 온도가 높았음을 입증해 주며, 다시금 빅뱅을 확인케 한다. 빅뱅이론은 우리가 구름을 관찰하는 시기 우주복사선이 절대온도 7.58도 정도였을 것으로 예견하는 것이다.

구름들은 여기에서 그치지 않고 계속 우리를 놀라게 한다. 많은 퀘이사의 스펙트럼에는 리만 숲 선들 외에 마그네슘 흡수선도 나타난다. 이런 흡수선들은 지구의 마그네슘 스펙트럼에서도 볼 수 있는 것들이다. 그런데 더 정확히 측정한 결과 우주 구름의 마그네슘 흡수선들 간의 간격은 지구상에 존재하는 마그네슘 흡수선

마그네슘 선들의 오늘날의 간격

:: 머나먼 퀘이사의 스펙트럼에 네 개의 구름으로 인한 네 쌍의 마그네슘 선이 보인다. 그림에서 어느 선들이 쌍을 이루는지가 제시되어 있다. 네 개의 구름이 서로 다른 거리에 있어 각각 다른 속도로 우리에게서 후퇴하고 있기 때문에(65쪽 그림 참조) 각 선들의 쌍은 서로 일치하지 않고 밀려나 있다. 최근의 측정 결과에 따르면 이 선들의 쌍이 오늘날의 마그네슘 흡수선보다 간격이 더 좁은 것으로 알려졌다.

들과는 다른 것으로 나타났다. 먼 우주의 마그네슘 원자는 지구의 마그네슘 원자와 다른 것일까? 그러나 우리는 이런 구름에서 나온 빛이 우리에게 도달하기까지 몇십억 년이나 달려왔음을 기억해야 한다. 그러므로 옛날 마그네슘의 원자가 오늘날 마그네슘의 원자와 달랐는지를 물어야 한다. 한 원자의 특성이 보편상수로 정해지므로, 그들 중 몇몇은 과거에 오늘날과 약간 다른 상수 값을 가지고 있었을 수도 있는 것이다. 하지만 그 차이는 크지 않을 것이다. 앞서의 그 흡수선을 야기한 보편상수가 오늘날에 비해 100만 분의 1만큼 작다든지 하는 정도로 말이다. 몇몇 보편상수, 심지어 광속이 시간이 흐르면서 변한다는 것이 확인된다면 물리학에 새 시대가 열릴 것이다.

● 밤이 깜깜한 이유

　　　　　　　　　　해가 지고 나면 사방이 깜깜해지는 것에 대해 놀라워 해본 적이 있는가? 이것은 당연한 일이 아니다. 우주가 만약 움직이지 않는 별들로 가득 채워져 있다면 낮이든 밤이든 어떤 방향을 쳐다보든 별들의 밝게 빛나는 표면을 볼 수 있게 될 것이 아닌가! 수십억 년 전부터 하늘이 별들의 원반으로 뒤덮여 있다면 하늘은 별의 표면처럼 밝게 빛나야 하는 것 아닌가? 밤은 왜 낮처럼 밝지 않고 칠흑 같이 검을까? 일찍이 많은 천문학자들이 이런 질문을 했고 1823년 의사이자 천문학자였던 빌헬름 올버스도 그렇게 물었다. 그리하여 밤하늘은 왜 어두운지에 대한 수수께끼를 '올버스 패러독스'라고 부른다. 이 수수께끼는 비로소 최근에 와서야 풀렸다.

　서로서로 중첩된 동그란 별들의 모습을 관찰하는 것은 키 큰 나무숲을 바라보는 것과 비슷하다. 숲을 바라보면 어느 정도 숲 안이 들여다보인다. 그리고 난 다음에는 나무가 서로 중첩되면서 가려져서 그 뒤에 뭐가 있는지 분간할 수가 없다. 그렇다면 별들로 가득찬 무한한 우주도 그래야 하는 것 아닌가. 어느 정도 가면 별들은 완전히 중첩되어서 사방이 환하게 보여야 하는 것 아닌가. 하지만 별빛이 우리에게 닿기까지는 시간이 걸린다. 그리고 우주가 무한까지 별들로 가득 차 있다고 해도 별들이 죽지 않고 충분

:: 숲을 보면 어느 정도까지는 들여다보인다. 그러나 그 뒤로는 나무들이 서로 중첩되어 보인다.

히 오래 살아야만 완전히 중첩될 수가 있을 것이다.

우리는 우주에서 주변의 은하와 더 멀리 퀘이사들을 본다. 하지만 우리의 시선이 별들로 완전히 덮여 있는 곳에 이르기 전에 우리는 별이 존재하지 않았던 시점과 맞닥뜨리게 된다. 그리하여 우리의 시선은 별들로 이루어진 표면과 만날 수 없다. 우리의 시선은 거의 늘 별 사이를 거쳐 별이 없는 공간으로 가게 된다.

이것이 해답이다. 절반쯤의 해답.

● 밝은 시작, 어두운 광경

　　　　　　　　　사실 밤하늘이 왜 깜깜한가는 그렇게 간단히 설명할 수 없다. 그러므로 더 자세히 설명해보겠다. 다시 한 번 78쪽의 그림을 살펴보자. 하늘이 별들로 완전히 뒤덮여 있지 않다면 우리의 시선은 많은 별들을 비껴가게 될 것이다. 우리의 시선은 더 먼 공간을 향하고, 그로써 빅뱅 후 30만 년의 시기까지 이른다. 그리고 우리는 3천 도라는 불투명하고 뜨거운 벽과 만난다. 3천 도에서 모든 물질은 달구어져서 하얗게 빛나게 된다. 그렇다면 별들이 밤하늘을 밝히지 못한다 하더라도 이런 3천 도의 벽이 왜 별들 사이를 비추어 밤을 낮으로 만들지 못하는 것일까?

　우리는 정말로 3천 도의 벽을 본다. 하지만 그때부터 세계가 팽창해왔기 때문에 물질들은 어마어마한 속도로 우리로부터 멀어지고 있다. 그리하여 광자들은 42쪽에 설명했던 집에서 멀어지는 사육사의 비둘기들처럼 우리에게 더 드문드문 도착하게 된다. 모든 광자는 파장이 길어지고 에너지가 부족해졌다. 그리하여 빛의 파장이 아주 길어지게 되고 우리의 눈이 더 이상 인지할 수 없게 된다. 그리하여 3천 도의 벽은 우리 눈에 새까맣게 보인다. 전파 천문학자들은 그 복사선을 우주배경복사선으로 측정할 수 있다. 그것은 우주 가장 자리에서 나오는 빛이다.

:: 우주 들여다보기.(도식적인 그림) 별들은 서로 중첩되지 않는다. 먼 과거에는 별들이 없었기 때문이다. 그리하여 우리는 별들을 지나쳐 배경을 볼 수 있다. 하지만 배경은 왜 깜깜할까?

그러므로 밤이 깜깜한 것은 별들이 아주 무한한 시간부터 존재하지 않았다는 것과 우주가 팽창한다는 것에서 연유한다. 우주의 기본적인 특성을 유추하게 하는 이런 중요한 관찰에는 거대한 망원경도, 궤도 망원경도 필요하지 않다. 그저 밤에 창밖을 한번 쳐다보기만 하면 된다.

✦ 작열하는 배경

　　　　　　　　　코베 위성은 우주복사선을 지표면에서 보다 더 상세히 연구할 수 있었다. 코베 위성의 첫 성과는 사자자리 남쪽의 잘 보이지 않는 별자리인 컵자리(크라터) 방향으로부터 오는 복사선이 그의 반대 방향에서 오는 복사선보다 조금 더 강한 것을 알아낸 것이었다. 이것은 지구가 태양 주위를, 그리고 태양과 더불어 우주의 중심을 초속 약 350킬로미터로 돌기 때문으로 보였다. 그러면 도플러 효과로 인해 진행 방향의 복사선이 반대 방향보다 더 강해질 테니까 말이다. 그러므로 측정에서 이런 효과를 제해 버리면 복사선의 강도는 모든 방향이 동일하다. 그것은 영하 270.3도의 물체가 뿜는 복사선이다.

하지만 1992년에 코베 측정의 정확성은 더욱 개선되었고, 우주복사선이 언제나 동일한 강도가 아니라는 것이 드러났다. 복사선의 온도가 낮은 곳이 있고 높은 곳이 있었던 것이다. 코베 위성이 관측한 우주배경복사 지도에서 '더 밝은' 부분과 '더 어두운' 부분의 차이는 10만 분의 몇 도 정도였다. 하지만 그럼에도 코베의 측정 도구는 하늘을 아주 정밀하게 관측하지는 못했다. 그러다가 2001년, 학자들은 헬륨을 채운 기구에 측정기를 실어 남극 38킬로미터 상공에 띄운 다음 며칠간 우주배경복사선을 기록하고 코베 위성보다 40배나 정밀한 복사 지도를 제작했다. 부메랑 실험

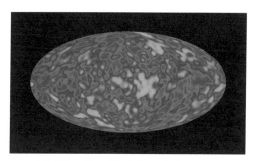

:: 코베 위성이 본 하늘. 우주배경복사 지도는 얼룩을 보여준
다. 현재의 우주 구조가 이런 얼룩(밀도의 불균일성)에서 생
성된 것일까?

이라고 명명된 이 프로젝트는 우주 팽창 초기에 대한 우리의 생각
의 지평을 넓혀주었다.

우리는 배경복사에서 빛의 파장이 길어진 3천 도의 벽을 본다.
이 벽은 균일하지 않고 얼룩얼룩하다. 이런 얼룩은 우주가 투명해
지기 전, 즉 빅뱅 후 30만 년 안에 일어난 일들에 대해 암시해준
다. 초기 우주에 대해 규명하고자 하는 사람은 3천 도의 벽에 나
타난 이런 얼룩들을 해석해야 할 것이다.

● 최초의 화학 원소

　　　　　　　　　　　　　　　앞서 구를 압축했던 우리의
사고실험(73쪽 참조)은 우주가 투명해지기 전에 무엇이 있었는지
를 암시해준다.

　원래 지름의 천분의 일로 압축된 우리의 가상의 구에서 거의 모
든 물질들은 수소다. 양성을 띤 원자핵 즉 양성자 주위에는 아직
전자가 돌지 않는다. 수백만 도의 온도에서 양성자들은 서로 가까
이 갈 수 없다. 양성을 띤 전하끼리의 밀어내는 힘이 그들이 충돌
하기 전 궤도를 꺾어버리기 때문이다. 속도가 초속 몇천 킬로미터
가 된 후에야 그들은 1조 분의 1밀리미터까지 가까워지고 새로운
끌어당기는 힘, 즉 '핵력'이 효력을 발휘하게 된다. 이 핵력은 우
주의 모든 원자핵을 결속하고 있는 힘이다.

　이런 사고실험에서 구가 더욱 압축되어 온도가 몇십억 도까지
높아지면 간혹 양성자가 날아가다가 서로 결합되고 핵력에 의해
서로 붙게 된다. 그러면 지상에서의 실험을 통해서도 알려져 있듯
이 핵과정이 진행된다. 양성자는 전자와 같은 질량을 가졌지만 양
전하를 띤 입자인 '양전자'를 내어주고 중성자로 변할 수도 있다.
그리고 양성자에 중성자들과 다른 양성자들이 결합하여, 여러 개
의 양성자와 중성자를 갖는 원자핵이 탄생될 수도 있다.

　우리의 사고실험 속의 구의 상태는 이제 빅뱅 후 몇 분 지나지

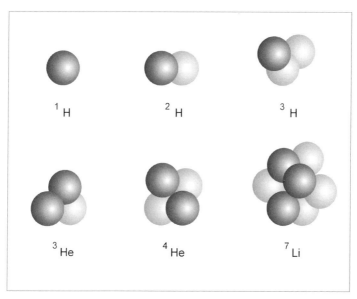

¹H   ²H   ³H

³He   ⁴He   ⁷Li

:: 빅뱅 직후 몇 분간에 형성된 원자핵. 짙은 색 구슬이 양성자를 의미하고 밝은 색이 중성자를 의미한다. 윗줄은 세 종류의 수소들이고 아랫줄은 두 종류의 헬륨과 한 종류의 리튬이다. 표시된 숫자는 핵을 구성하는 양성자와 중성자의 수의 합인 소위 '질량수'다.

않은 우주의 상태에 해당된다. 하지만 원자핵 생성은 아주 짧은 시간 동안에만 가능하다. 그 전에는 온도가 너무 높아 생성된 원자핵들이 지나다니는 입자에 의해 다시 깨졌고 그 후에는 양성을 띤 핵이 서로 밀쳐내는 힘을 극복하기에는 온도가 너무 낮고 속도가 너무 느렸던 것이다. 그리하여 짧은 시간 동안 아주 가벼운 화학 원소들만이 생성될 수 있었다. 수소, 중수소, 양성자 외에 두 개의 중성자로 된 원자핵을 가지며, 다시 빠르게 분열되는 삼중수소, 그리고 헬륨과 소량의 리튬도 생성되었다. 빅뱅은 이런 가벼운 원자들이 우주에 가장 흔한 원소가 되도록 하였다.

빅뱅 직후 모든 화학 원소들이 생성되었을 것이라는 가모브의 꿈은 착각으로 드러났다. 더 무거운 화학원소들은 추후에 별들의 내부에서 가공되었다.

● 물질의 구성성분 탄생

구를 압축하면 압축할수록 우리는 빅뱅 직후의 환경에 근접하게 된다. 이제 우리는 물질과 복사선이 전혀 구별되지 않았던 시대로 간다.

20세기 초 아인슈타인은 물질과 에너지가 같은 것임을 보여주었고, 1932년 물리학자 칼 앤더슨은 실험을 통해 복사에너지가 질량으로 변한다는 것을 증명하였다. 높은 에너지를 가진 광자는 자발적으로 두 개의 물질 입자로 변하는데, 그중 하나는 전자이고 하나는 양전자이다. 우리가 사고실험에서 가상의 구를 직경 70센티미터까지 압축한다면 복사선은 60억 도의 온도를 갖게 될 것이다. 그리고 나면 광자로부터 끊임없이 그런 전자 양전자쌍이 생성될 것이다.

전자가 물질에 속하는 데 반해 양전자는 '반물질' 입자이다. 둘이 서로 충돌하면 높은 에너지를 갖는 광자가 된다. 우리가 사고실험으로 도달한 우주의 초기에는 따라서 계속하여 광자가 입자쌍으로, 입자쌍이 광자로 변한다.

계속 시대를 거슬러 올라가 10조 도의 온도의 영역으로 가 보자. 그러면 가상의 구의 직경은 0.5밀리미터가 될 것이다. 이제 광자는 양성자와 그들의 반입자, 즉 양성자와 반대의 전하를 띤 반양성자로 바뀐다. 전기적으로 중성을 띤 중성자에도 전기적으로

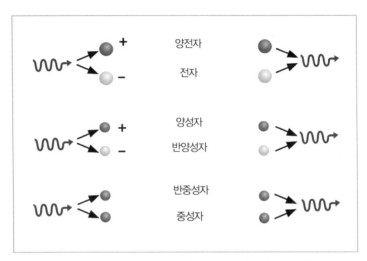

:: 광자(파동선)에서 입자쌍들이 생성될 수 있다. 입자쌍들은 다시 광자로 방사된다.

중성을 띤 '반중성자'가 있고, 이것은 중성자와 만나서 복사선이
된다. 우리 구 속의 물질은 이제 복사선과 입자가 혼합된, 우주 최
초의 100분의 2~3초 동안에 해당하는 특성을 지닌다.

🪐 원시 수프 이야기

　　　　　　　　　　가상의 구를 어느 정도까지 빅뱅의 조건에 이르게 할 수 있을까? 오늘날 물리학자들은 커다란 가속기에서 물질입자들을 광속에 가깝게 충돌시키면서 높은 에너지가 농축된 상태를 인공적으로 조성할 수 있다. 그들은 17자리 숫자로 표현할 수 있는 온도까지 도달한다. 우리의 사고실험에서 이 온도에 이르기 위해서는 구의 직경을 10만 분의 1밀리미터로 압축해야 할 것이다. 이런 상태는 빅뱅 후 약 0,000,000,000,001초의 우주에 해당한다. 그 즈음의 시기 복사선과 물질이 어떤 상태였는지에 대해 우리는 대충 예감만 할 수 있을 뿐이다.

　우주의 물질은 처음에 복사선, 글루온, 쿼크, 반쿼크로 구성되어 있었다. 쿼크는 소립자를 구성하는 입자들이다. 온도가 내려가면서 이들로부터 오늘날 원자핵을 구성하는 입자인 양성자와 중성자가 형성되었고 그들의 반입자가 형성되었다. 또한 전자들과 그 반입자인 양전자들도 만들어졌다. 다른 소립자들도 그 반입자와 함께 형성되어 다시 함께 방사되었다. 하지만 팽창과 함께 복사선은 식었다. 이제 광자의 에너지는 새로운 입자쌍을 만들어낼 만큼 충분하지 않았다. 하지만 기존의 입자들과 반입자들은 계속하여 빛으로 복사되었다.

　처음에 똑같은 수의 입자와 반입자가 생성되었다면 시간이 지나면서 모두 짝을 이루어 빛으로 소멸해버렸을 것이다. 그리고 오늘날 우주는 복사선으로만 이루어져 있을 것이다. 하지만 우리는 왜 물질로 이루어진 세계에 살고 있을까?

아마도 처음에 반입자보다 입자들이 더 많이 생성되었을 것이다. 그리고 입자 반입자쌍들이 빛으로 방출되고 난 후 여분의 입자들이 남았을 것이다. 복사선은 팽창과 더불어 점점 식어서 결국에는 우주의 배경복사가 되었다.

● 우리가 존재할 수 없었던 이유

우주배경복사 발견은 우주의 초기의 역사에 대해 시각을 열어주었지만 동시에 새로운 문제를 안겨주었다.

오늘날 우주의 물질은 은하단과 은하와 별에 집중적으로 존재한다. 은하와 별들은 우주 초기의 얼룩, 즉 밀도의 불균일성에서 형성된 듯도 하다. 우연히 밀도가 높아진 곳이 중력을 통해 계속 물질을 자신에게로 끌어당겼을지도 모른다. 하지만 그러기 위해 시간이 모자랐을 것이다. 팽창이 중력에 반작용을 하므로 밀도의 차이는 서서히 불어날 수밖에 없는데, 우주가 투명해지기 시작했을 당시 밀도 차는 1만 분의 1퍼센트 정도밖에 되지 않았던 것이다. 이런 밀도차가 바로 코베 우주배경복사 지도의 얼룩을 생성시킨 장본인들이다.(89쪽 참조) 그로부터 밀도는 기껏해야 평균 밀도의 1퍼센트 정도 높아졌을 것이다. 그러나 은하의 평균 밀도가 우주 평균 밀도보다 10만 배는 더 높은 것은 왜 그럴까? 그래서 은하들은 오늘날까지 흩어지지 않았다. 그러기 위해서도 역시 시간이 부족했다. 천문학자들은 은하도, 별도, 행성도, 인간도 존재할 수 없었다는 것을 쉽게 증명할 수 있다. 하지만 이들은 어떻게 존재하게 된 것일까?

한 가지 출구가 있다. 바로 우주에 존재하는, 보이지는 않지만 중력을 통해 느낄 수 있는 물질이 그 출구가 되어 준다. '암흑 물질' 이라 불리는 이 물질은 아마도 은하 등의 보이는 물질과 성간 가스와 성간 티끌보다 훨씬 많은 것으로 보인다. 암흑 물질은 그것이 우리 은하의 별들의 움직임에 영향을 줌으로 그 존재가 규명되었다. 그러나 이런 수수께끼 같은 물질이 무엇으로 이루어져 있는지는 아직 아무도 모른다. 이것이 빛을 내지 않아서 우리 눈에 보이지 않는, 별들 사이를 날아다니는 행성과 비슷한 차가운 천체일까? 아니면 우리 주위에 스며들어 부유하고 있으나 우리의 측정 도구에 포착되지 않는 미지의 소립자들일까?

암흑 물질이 은하와 별들의 탄생의 비밀을 풀어줄 수도 있을 것이다. 암흑 물질은 처음부터 덩어리져 존재하지만, 그것이 빛을 보내지 않으므로 배경복사에서 인식할 수 없을 따름인지도 모른다. 그러나 어찌됐건 암흑 물질로 인해 보이는 물질들이 훨씬 빨리 결합될 수 있었고 단시간 내에 은하가 생성될 수 있었던 것은 확실하다.

● 암흑 물질

　　　　　　　　　　은하단 내 은하의 운동에서도 우주가 우리 눈에 보이지 않는 물질로 채워져 있음을 알 수 있다. 모기떼 같은 은하단 안에서 은하들은 이리 저리로 움직인다. 하지만 하나가 중심에서 너무 멀어지면 다른 것들의 중력이 그것을 데려온다. 중력이 강하면 강할수록 그것은 가출한 것을 더 빨리 되돌아오게 한다. 그 때문에 도플러 효과로 측정되는 속도와 은하단의 직경은 우리에게 은하단을 결집시키는 중력의 세기를 알려준다. 그러나 보이는 물질만 가지고는 그런 중력을 행사하기가 충분하지 않다. 보이지 않는 물질의 중력이 은하단을 지배해야 한다.

　우리 은하에도 그런 물질들이 존재한다. 따라서 우리의 코앞에 그런 물질이 있는 것이다. 이것은 은하의 중심을 도는 별들의 운동을 보면 알 수 있다. 별들이 후퇴하는 힘만 따른다면 그것들은 벌써 우리의 은하에서 벗어나 버렸을 것이다. 하지만 우리 은하의 중력이 그들을 붙잡아둔다. 우리 은하의 중력을 근거로 은하의 질량을 계산할 수 있는데, 그것은 보이는 물질들의 질량의 열 배 이상이다. 따라서 우리 은하에 우리 눈에 보이는 것보다 열 배는 더 많은 물질이 존재한다는 이야기다. 그 물질은 보이지는 않지만 우리가 알고 있는 물질, 즉 정상적인 원자들일까? 아니면 우리가 우리에게 알려진 물질의 양, 즉 양성자와 중성자와 전자로 이루어지는 물질의 양을 너무 적게 판단하고 있을지도 모른다. 물리학자들은 양성자 중성자와 같이 쿼크로 이루어지는 물질들을 '바리온 물질'이라고 부른다. 다양한 종류의 수소와 헬륨이 탄생했던 우주의 최초 몇 분 동안 양성자와 중성자의 양은 결정적인 역할을 했다. 가벼운 원소들의 혼합비율은 오늘날 우리에게 당시의 바리온 물질들의 양을 알려준다. 그리고 그로부터 바리온 물질의 오늘날의 밀도가 나온다. 그것은 중력을 행사하는 물질의 단 10퍼센트에 해당한다. 따라서 신비한 암흑 물질은 우리가 아는 물질과 전혀 다른 물질이다. 그것에 대해 아무것도 밝혀진 것이 없지만 학자들은 그런 물질을 반 바리온 물질이라 이름 붙였다.

바리온 물질은 우주 전체의 물질에서 미미한 부분을 차지할 따름이다. 그리하여 물리학자 헤르비히 쇼퍼는 "우리를 구성하고 있는 물질은 우주의 물질 중 특이한 부분이다."라고 말했다.

◉ 사랑받지 못했던 우주상수

　　　　　　　　　　암흑 물질은 그 중력을
통해 존재를 가늠케 한다. 하지만 미는 힘, 즉 '척력'을 통해 자신
을 드러내는 또 하나의 미지의 존재가 있는 듯하다. 그에 대한 이
야기는 길다.

　1929년 전까지 천문학자들은 팽창하지도 수축하지도 않는 정
적인 우주 모델을 상정하였다. 허블이 우주 팽창을 발견하기 12
년 전, 아인슈타인은 자신의 일반상대성이론을 전 우주에 적용하
고자 했다. 하지만 그때마다 팽창하거나 함몰하는 우주 모델이 나
올 따름이었다. 아인슈타인의 방정식은 정적인 우주에는 맞지 않
았다. 그리하여 아인슈타인은 그 이론을 다시 한 번 점검하고는
그가 활용했던 규칙이 중력 외에 간과했던 또 하나의 힘, 즉 척력
을 필요로 하고 있음을 깨달았다. 아인슈타인의 이런 간과 행위는
행성들과 은하의 영역에서는 별다른 의미가 없지만, 우주 전체를
놓고 볼 때는 중요한 것이었다. 아인슈타인은 당시 정적인 우주상
에 맞게 그의 방정식을 수정했다. 은하와 태양계 안에서 중력이
지배하는 반면 몇십억 광년 떨어진 먼 우주에는 척력이 지배한다.
아인슈타인은 이 힘을 우주상수라는 새로운 보편상수로 규정하
고, 그리스어 알파벳 람브다로 표시하였다. 이제 이 우주상수와
더불어 아인슈타인의 방정식은 정적인 우주상을 제공해주었고,

아인슈타인은 만족했다.

그 후 허블은 우주의 팽창을 발견했다. 1931년 1월 아인슈타인은 마운틴 윌슨 천문대(52쪽 그림 참조)를 방문하여 허블과 그의 동료들과 더불어 토론을 하고 우주가 정적이지 않다는 것을 확신하였으며, 그로써 아인슈타인이 도입한 우주상수는 근거가 없는 것이 되어 버렸다. 아인슈타인은 끝까지 우주상수를 식에 추가했던 것을 인생 최대의 실수로 여겼다고 한다. 그렇게 알베르트 아인슈타인은 우주상수에 등을 돌렸다.

:: 아인슈타인은 우주상수를 방정식에 추가한 것을
   인생 최대의 실수로 여겼다.

● 우주상수의 부활

　　　　　　　　　그러나 은하의 팽창이 발견된 후에도 우주상수는 결코 죽지 않았다. 우주상수로 도입된 밀어내는 힘은 팽창을 근거로 계산된 우주의 연대를 연장시켜 별들의 나이와 조화를 이룰 수 있다. 초기에 팽창의 진동은 중력을 통해 제어되었다. 중력은 거의 팽창 운동을 정지시킬 것 같았다. 오랫동안 중력의 인력과 우주상수의 반발력이 싸웠고 결국 팽창이 승리했다. 하지만 현재의 팽창으로써 태초부터 지나온 시간을 계산하려 한다면 중력과 척력이 거의 균형을 이루었던 그 대기 시간을 잊어서는 안 될 것이다. 그것은 계산된 우주의 연대를 확장한다. 본의 우주 물리학자 볼프강 프리스터를 위시한 우주학자들은 우주상수를 통해 연장되는 연대를 심지어 300억 년까지 잡기도 한다.

　　아인슈타인의 우주상수는 최근 다른 면에서 뒷받침을 얻고 있다. 양자역학은 우리에게 진짜로 빈 공간은 없다고 가르친다. 진공에서도 끊임없이 자연발생적으로 전자기장이 형성되고 있고 그로부터 심지어 전자–양전자쌍들 등의 입자들이 생겨났다가 잠시 후 다시 방사된다는 것이다. 따라서 진공은 무로 구성된 공간이 아니라, 물리학자들이 실험을 통해 그 특성을 연구할 수 있는 정말 복잡한 형성물이다. 그리하여 덴마크의 물리학자 헨드릭 카

시미르는 '진공 힘'을 예언했고 1948년 실험을 통해 진공 안의 두 철판을 누르는 '진공 힘'의 존재를 입증했다. 많은 물리학자들은 복잡한 진공이 우주상수와 연관되어 있을 것이라고 믿는다. 이 척력의 근원이 무엇인지 잘 모르지만 그것은 이미 이름을 가지고 있다. 우주학자들은 그것을 '암흑 에너지, 혹은 제 5원소'라 부른다. 그리스 철학자들이 상정한 4대 원소인 물, 불, 공기, 흙 다음으로 제 5원소라는 것이다.

우주상수가 정말로 존재한다는 것은 최근에야 알려졌다. 아주 먼 은하들의 팽창운동이 허블의 법칙의 예상보다 약간 더 느리다

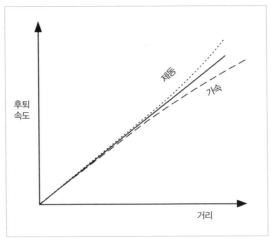

:: 우리는 엄청나게 먼 거리에서 먼 과거를 바라본다. 중력을 통해 강하게 제동될 경우 거리와 속도 사이의 관계는 위쪽으로 빗겨간다.(과거에는 팽창이 더 빨랐다.) 그리고 가속되는 팽창의 경우는 그래프 선이 밑으로 빗겨간다.(과거에는 팽창이 더 느렸다.)

는 것이 밝혀진 것이다. 우리가 먼 거리에서 먼 과거를 바라보기 때문에 이는 팽창이 과거로 갈수록 더 느렸음을 의미한다. 따라서 우주는 가속적으로 팽창하고 있다. 그리고 그 이유는 아인슈타인의 우주상수에 근거하는 우주 반발력(밀어내는 힘) 때문으로 보인다.

제네바의 유럽 연구 센터 CERN의 대형 전자 양전자 가속기(LEP) 같은 입자 가속기 실험은 극도로 높은 온도에서의 물질에 대해 연구할 수 있게 한다. 그로써 우리는 빅뱅 후 0,000,000,000,001초 후의 물질을 논할 수 있다. 이런 극단적인 조건에서 바리온 물질의 구성 요소인 쿼크와 양성자와 전자 안에서 쿼크를 결집시키는 글루온이 어떻게 행동하는지 등의 현상을 설명할 수 있는 이론들이 있다. 우리는 이런 이론에 근거하여 그 유효성을 실험적으로 증명하는 것이 불가능한 더 높은 온도 내지 더 높은 에너지의 영역도 추론할 수 있다. 나는 이런 극단적인 조건이 지배하는 영역을 물리학의 '회색시대'라고 부르고자 한다. 더 낮은 온도의 영역에는 실험물리학이 아직 유효하지만 이 영역에서는 그것이 통하지 않으므로 괴팅엔의 물리학자 후베르트 괸너는 회색시대의 물리학에 '추론물리학'이라는 이름을 붙였다. 추론물리학은 실험적으로 확인된 이론을 실험적으로 확인되지 않은 영역까지 확장한다. 회색시대가 빅뱅에 얼마나 근접해 있을까? 최소한 모호하게라도 실험적으로 확인된 이론들이 더 이상 통하지 않는 곳은 어디일까?

양자역학과 아인슈타인의 중력이론을 통일된 이론으로 결집시키려는 시도는 당장은 모두 실패로 돌아갔다. 그러나 온도가 빅뱅

에 매우 근접하는, 빅뱅 후

　0.000,000,000,000,000,000,000,000,000,000,000,000,001 초(소수점 뒤 0이 41개나 달린 숫자)의 물질을 기술하고자 한다면 이론의 통일은 필수적인 것이다.

　바로 이 시점, 빅뱅 후 0.0…(0이 41개나 이어짐) 1초를 학자들은 물리학자 막스 플랑크(1858~1947)의 명예를 기려 '플랑크 시간'이라고 부른다. 비로소 이 시점부터 회색시대가 시작되었다. 플랑크 시간 이전은 테라 인코그니타(미지의 영역, Terra incognita)이며, 그 시기에 대해 우리는 어떤 예감도 가지지 못한다. 나는 이런 시대를 회색시대와 대비하여 백색시대라고 부르고 싶다. 아인슈타인의 이론이 통하는 것은 회색시대부터일 것이다. 우리의 시간과 공간 개념은 그 이전의 시간에는 의미가 없을 것이다. 뮌헨의 우주학자 게르하르트 뵈르너는 "그때 무엇이 있었는지는 교황과 달라이 마라, 그리고 아마도 스티븐 호킹만이 알고 있을 것이다."라고 조소하였다.

　140억 년 된 오늘날의 우주에서 우주 시작의 그 미세한 순간은 중요하지 않게 보일는지도 모른다. 하지만 오늘날의 우주를 구성하는 결정적인 특징들은 이미 그 첫 순간에 정해졌다.

회색시대는 플랑크 시간 직후부터 시작되는 시기로, 우리가 실험 물리학에 근거하여 추론할 수 있는 최초의 시간이다. 그 전에는 어떤 자연법칙이 지배했는지 우리는 알지 못한다. 학자들은 회색시대에는 최소한 실험으로 뒷받침되는 이론을 적용시킬 수 있다. 물론 이 시대에 그것이 통할지 안 통할지 확신할 수 없음에도 말이다. 회색시대에 대한 연구는 아마도 현재 물리학의 가장 흥미로운 부분일 것이다. 이 연구에서는 실험의 자리에 우주적인 관찰이 들어오고, 확실한 자연법칙의 자리에 당시 어떤 물리학 법칙들이 사건들을 지휘했을까 하는 추측이 들어온다.

오늘날 네 가지 힘들이 물리학을 지배한다. 전자기력과 원자핵의 구성과 붕괴를 결정하는 두 종류의 핵력과 중력이 그것이다. 그리고 학자들은 극도로 높은 온도에서는 이 네 가지 힘이 하나의 우주적 힘으로 통합되어 있었다고 본다.

그렇다면 언젠가, 플랑크 시간 전에는 이 네 가지 힘이 통합된, 우주를 지배하는 유일한 힘이었을 것이다. 그리고 나서 중력이 우주적인 이 힘에서 분리되어 나왔을 것이다. 그리고 그 뒤 우주가 좀 더 식게 되자, 강한 핵력이 떨어져 나왔을 것이다. 때는 회색시대, 즉 빅뱅 후 0.000,000,000,000,000,000,000,000,000,000,01초

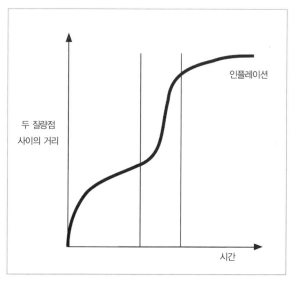

:: 인플레이션 이론에 의하면 팽창하는 우주는 회색시대 동안 더욱 빠른 속도로 팽창했고 그 후 다시 유유히 팽창해갔다.

(소수점 이하에 0이 34개나 붙은 숫자)에 해당하는 시기였다.

이때 방출된 에너지는 우주를 단시간 내에 아주 강하게 팽창하게끔 했고 핀대가리 만하던 우주는 단시간에 엄청나게 뻗어나갔다. 그리고 이런 인플레이션 시기 후 물질은 허블의 법칙에 따라 다시 유유히 사방으로 날아갔다. 이것이 바로 인플레이션 이론이며, 많은 우주학자들이 그것을 신봉하고 있다.

인플레이션 이론으로 우주배경복사(87쪽 참조) 지도의 온도 차이도 설명된다. 보이는 물질과 암흑 물질의 밀도가 인플레이션 전에는 거의 동일했다 하더라도 양자역학에 의거하면 작은 밀도 차

가 있었을 것이다. 그리고 이런 미세한 밀도의 편차는 인플레이션
으로 인해 부풀어서 그 후 코베의 우주배경복사 지도에서 볼 수
있는 밀도의 불균형이 유발되었다.

인플레이션 이론은 지금까지 천문학자들의 머리를 아프게 했던 수수께끼를 풀어준다. 두 개의 상반된 지점에서 우리에게 도착하는 우주배경복사선의 경우 모두 빅뱅 후 30만 년 정도에 방출된 것이다. 이 두 지점의 물질은 우주의 긴 역사 동안 한 편의 복사선이 반대편 복사선에 닿을 수 있을 정도로 가까웠던 적이 없었다. 하지만 그럼에도 둘의 온도가 같은 것은 어찌된 일일까? 이것은 수수께끼가 아닐 수 없다. 어떤 신호도 빛보다 빠르지는 못하다. 그런데 이들은 어떻게 서로 온도를 맞출 수 있었을까?

그러나 인플레이션 이론을 신봉하는 사람들에게 이것은 문제가 되지 않는다. 이들 물질들은 인플레이션 전에 아주 가까이 있었다. 그리하여 서로 온도를 맞출 수 있었다. 그 뒤에 인플레이션이 일어나 공간이 부풀었고, 원래 이웃했던 물질들은 서로 전혀 접촉이 없었던 것으로 보일 만큼 멀리 흩어졌다. 많은 우주학자들은 이 수수께끼의 해결을 인플레이션 이론의 커다란 성과로 여긴다.

하지만 이 수수께끼는 정말로 수수께끼였을까? 우리는 백색시대에 대해 아무것도 알지 못한다. 우리는 백색시대에 광속이 어떤 의미를 가졌는지를 알지 못한다. 우리는 왜 백색시대로부터 오늘날의 광속으로는 접촉이 불가능하지만 온도가 같은 공간들이 생

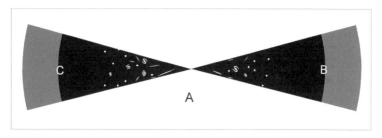

:: 78페이지의 그림에서처럼 관찰자 A는 우주의 과거를 들여다본다. 이 경우 관찰자는 서로 다른 양방향을 쳐다보고, 그의 시선은 3천 도의 벽인 B와 C 지점에서 끝난다. 우주가 막 맑아지는 지점이다. 과거에 B에서 C로 어떤 신호도 도달할 수 없었음에도 불구하고 두 지점의 온도는 같다.

겨났다는 것을 수수께끼로 여기는가? 오늘날의 광속이 그때에도 어떤 의미가 있었는지 결코 알 수 없는데도 말이다. 당시 상대성 이론은 오늘날의 양자역학만큼 적용이 되지 않는 것이었다.

● 백색시대의 무법칙성

회색시대가 시작되기 전에는 무엇이 있었을까? 빅뱅 후 0.(0이 41개 들어간 후) 1초 전에는 무엇이 있었을까? 우리는 중력을 포함하는 자연의 모든 힘을 설명하는 통일된 이론, 'thoery of everything', 즉 '모든 것을 위한 이론'을 가지고 있지 않다. 알베르트 아인슈타인과 리처드 파인만을 위시한 지난 세기의 위대한 물리학자들은 그런 대통일 이론을 발견하고자 노력했으나 좌절했다. 또한 오늘날에도 많은 물리학자들은 '모든 것을 위한 이론'을 알아내려고 노력하고 있다. 현재로서는 초끈이론이 가장 문제의 해결에 근접하고 있는 것으로 보인다.

그러나 예나 지금이나 변치 않는 사실은 백색시대의 법칙은 알 수 없다는 것이다. 백색시대의 몇몇 법칙을 드러내어 주는 이론을 정립하려고 하는 사람은 백색시대에 무슨 일이 있었는지 말할 수 있을 것이다. 하지만 완결되고 일반적으로 시인되는 이론이 없는 한 그의 말은 휘청거리는 다리를 딛고 있을 수밖에 없다. 그리고 현재로서는 나는 완결되고 일반적인 이론을 알지 못한다.

문외한이건 물리학자건 우리는 이런 백색시대, 즉 0의 시점부터 플랑크 시간까지의 아주 가늠할 수 없을 만큼 짧은 시간에 어떤 일이 일어났을지 상상해보고자 노력한다.

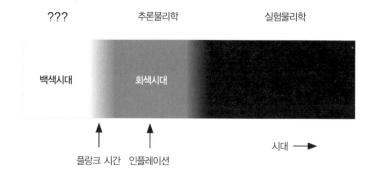

:: 백색시대, 회색시대, 그리고 실험물리학에 의해 뒷받침되는 그 이후의 시대.

하지만 잠깐, 우리는 그렇게 말함으로써 이미 첫 번째 함정에 걸려들었다! 플랑크 시간이 무엇인가? 그것은 현재 관찰되는 팽창운동을 현재의 물리학이 더 이상 적용되지 않는 온도까지 계산하여 올라가 한계에 다다른 시점이다. 상대성이론이 기술하고 있는 공간과 시간은 그 전에는 없었다. 우리는 백색시대 동안 '시간'이 있었는지 알지 못한다. 그리하여 백색시대가 얼마나 오래 지속되었는지 알지 못한다. 현재의 물리학을 그것이 오래 전에 더 이상 적용되지 않는 시간까지 추론해가면 우리는 마침내 플랑크 시간에 닿는다. 우리가 백색시대 동안의 시간 개념에 대해 전혀 모르기에 이 시기는 짧을 수도 있고, 길 수도 있으며, 무한히 길 수도 있다. 그것이 어떤 의미든 간에 말이다.

그러므로 "빅뱅 전에는 무엇이 있었는가?" 하는 질문은 무의미하다. '그 전'이라는 말과 우리의 시간 개념은 우리에게 통용되는 물리학에서나 의미가 있기 때문이다. 그러므로 회색시대부터나 비로소 의미를 갖는 것이다. 우리의 사고로 이 질문에 대답할 수 없다는 것은 유감이 아닐 수 없다. 일상생활에서 우리는 언제나 '그 전'에 대해 묻는 버릇이 있기 때문이다.

● 우주는 왜 굽어 있지 않을까?

많은 우주학자들은 우주가 우리의 모든 측정 결과 '편평'하다는 것을 중요시 여긴다. 지역적으로 별과 은하와 은하단의 중력장만 제외하면 우주는 편평하다. 즉 우주에는 우리가 학교에서 배운 평면기하학이 적용된다. 그리하여 세 점을 가장 짧은 선으로 연결하면 내각의 합이 180도인 삼각형이 된다. 이런 기하학은 수학자들이 '굽은 공간'이라고 부르는 곳에는 해당되지 않는다. 굽은 공간과 편평한 공간 간의 관계는 굽은 면과 평면의 관계와 같다. 구의 구부러진 평면에서 삼각형의 내각의 합은 180도가 넘는다.

우주는 왜 굽어 있지 않은 걸까? 왜 우주는 백색시대로부터 굽어 나오지 않고 평면으로 나온 것일까? 나는 백색시대와 관련한 '왜'라는 질문은 백색시대의 법칙을 알지 못하는 한 대답할 필요가 없다고 생각한다.

인플레이션 이론(107쪽 참조)은 편평한 공간도 설명하고자 한다. 인플레이션 이론에 따르면 초기 우주는 굽어 있었다. 하지만 회색시대를 지나는 동안 심하게 부풀려졌고 풍선을 크게 불 때 풍선의 1평방센티미터의 표면이 평평해지는 것처럼 우리가 어디에 위치하건 우주는 평평해보인다.

하지만 우리는 백색시대의 법칙을 알지 못하므로 인플레이션

:: 굽은 면에서 삼각형 내각의 합은 180도가 넘는다. 그림 속
삼각형의 경우 적도에 있는 두 각의 합만 해도 이미 180도다.

이론과는 달리 백색시대로부터 편평한 공간이 나왔다고 해도 놀랄 이유가 없다. 하지만 많은 우주학자들의 '쓸데없는' 생각은 여기에서 그치지 않는다. 계속 '놀라운 생각들'이 이어지니 말이다.

　　　　　　　　　　회색시대 초부터 오늘날까지의 우주는 공식으로 표현할 수 있는 자연법칙에 의해 전개되어 왔다. 그 공식에 빛의 속도(광속도상수)와 두 천체가 끌어당기는 힘을 규정하는 만유인력상수 등 보편상수가 등장한다. 이외의 상반된 전하를 띠는 두 물체가 끌어당기는 힘인 전자기력을 정하는 보편상수도 있으며, 전자와 양전자의 질량도 보편상수들이다.

　자연현상의 전개는 기본적으로 이런 상수 값에 달려 있다. 그것들이 자연에서의 힘을 결정하기 때문이다. 중력이 지금보다 열 배 더 세다면 형성되는 별들은 수명이 더 짧을 것이다. 그러면 별이 생성되고부터 핵연료가 다 타버리기까지의 시간은 아주 빨리 흘러서 별들은 행성을 잠시만 데울 수 있었을 것이고, 지구에게도 생명 진화에 필요한 몇 십 억 년의 시간이 허락되지 않았을 것이다.

　중력은 마치 고등생물의 발달에 필요한 안성맞춤의 크기를 가지고 있는 것처럼 보인다. 다른 보편상수가 약간 다른 값을 가졌다 해도 마찬가지다. 그랬더라면 우주에 생명이 존재하지 못했을 것이다. 팽창이 너무 빠르게 진행되었다면 별들과 은하들이 생성되지 못했을 것이다. 팽창이 너무 느리게 진행되었다면 많은 별들은 너무 다닥다닥 붙어서 생성되어 행성들을 서로 빼앗아 갔을 것이고, 역시 고등생물이 존재할 수 없었을 것이다. 백색시대로부터 정확히 이런 보편상수를 가진 자연이 생성되었던 것일까? 보편상수가 우리가 존재하기에 안성맞춤으로 조정된 것이 우연일까? 우주가 처음부터 우리를 겨냥하여 만들어진 것일까? 학술 저널리스트 라인하르트 브로이어는 인본원리를 다룬 자신의 저서의 부제를 '자연법칙의 조준선 속의 인간'이라고 달았다.

이 원칙은 나를 깜짝 놀라게 하지 않는다. 세계가 생명 탄생이 탄생할 수 있는 상태로 만들어졌다는 것, 그것은 새로운 것이 아니다. 인본원리를 대변하는 학자들은 "우주는 언젠가 그 속에서 생명이 탄생되도록 조성되었다."고 강조한다. 그러나 이것은 반박할 수도 증명할 수도 없는 발언이다. 그러므로 가치 있는 발언이 아니다. 우주는 원래대로 탄생되었고, 생명이 살아남기 위해 그것에 적응했다고 해도 할 말이 없다. 그러면 인본원리는 허공에 뜨게 된다. 아무튼 인본원리는 우리가 몰랐던 자연과학적인 인식을 주지 않는다.

☄ 낯선 우주들

인류학적 원칙의 신봉자들은 우주가 인간이 그 안에서 살 수 있게끔 아주 세밀한 조건들이 갖추어져 있음을 강조한다. 그렇다면 우리는 우주에 어떤 의미란 말인가? 어떤 우주학자들은 우리의 우주 말고도 상이한 보편상수를 가진 많은 우주들이 생겨났다고 상상한다. 그런데 거의 어떤 우주에서도 생명이 가능하지 않고 단지 우리의 우주에만 생명이 존재한다. 이렇게 말하는 우주학자들은 이런 우주들의 보편상수는 처음에 숙고해서 선택된 것이 아니라, 그저 우연히 생명 탄생이 가능한 우주가 탄생했다고 본다. 그러므로 우리의 우주에 대해 놀랄 것이 없다는 것이다.

여러 개의 우주가 있다는 가설은 또한 "빅뱅 전에 무엇이 있었을까?" 하는 불가피한 질문에 대한 대답에 커다란 역할을 한다. 그리하여 학자들은 '순환적인 우주'를 상정한다. 우주의 팽창이 중력에 제어되어 팽창이 정지하고 이어 수축하여 우주는 시작되었던 대로 백색시대에서 끝난다는 것이다. 그리고 나면 다시 빅뱅이 뒤따르고 게임은 처음부터 시작된다는 것이다. 이 우주 모형에서는 "빅뱅 전에 무엇이 있었는가" 하는 질문에 쉽게 대답할 수 있다. 그 전에는 우주가 있었고 그 우주가 팽창하다가 다시 수축하였으며, 그 전에도 우주가 있었고 그 전에도 우주가 있었다…

하지만 이것이 이 문제의 대답인가? 그 사이에 놓인 백색시대로 인해 지난 순환으로부터 아무런 정보도 건지지 못한다면 지난 빅뱅 전의 모든 것은 내게 아무 의미가 없을 것이다. 그리하여 만약 내가 빅뱅 전의 우주가 미키마우스처럼 생겼었다고 말한다 해도 나는 그것을 증명할 수 없지만, 또한 아무도 내 말에 반박할 수 없을 것이다.

다른 모든 가상 우주도 마찬가지다. 그것들이 내가 갈 수 없는 공간 어딘가에 있건, 광속 이상으로 내게서 멀어지건, 다른 차원의 공간에 존재하건 내가 그것을 이해할 수 없고, 그로부터 내게 어떤 정보도 도달하지 못하는 한, 그 우주들은 내게 의미가 없는 것이고, 우주가 왜 마치 인간을 위해 재단된 것처럼 보이는지를 이해하게끔 도와줄 수도 없다.

물론 창조자가 의식적으로 우리를 위해 세계를 만들었다고 받아들일 수도 있을 것이다. 그러나 그것은 이미 더 이상 자연과학적인 설명이 아니다. 나는 이런 발언이 가치가 없다고 생각하지는 않는다. 단지 그런 논지는 과학이 아닌 신학에 속할 따름이다. 책의 마지막 부분에서 다시 한번 이 주제로 돌아가 보겠다.

☄ 내가 빅뱅을 믿는 이유

이 제목으로 내가 말하려고 하는 것을 좀 더 정확히 짚고 넘어가야겠다. 우주에 대한 모든 관찰과 오늘날 알려진 자연법칙을 모순 없는 이론으로 통일시키려 할 때 그래도 나는 빅뱅이론을 가장 유력한 것으로 본다는 것이다. 그리하여 나는 "빅뱅이 있었다."고 말한다. 그렇게 말하면서 나는 시신 앞에 선 형사 같은 입장이 된다. 형사는 자신이 관찰한 바와 자신이 알고 있는 자연 법칙과 인간행동의 규칙을 모순이 없는 상으로 통일시키고자 한다. 그리고 그로부터 살인이 어떻게 저질러졌는지를 유추한다. 그러나 그는 진짜로 어떻게 되었는지는 알지 못한다. 그가 살인을 목격하지 않았기 때문이다. 나 역시 빅뱅을 목격하지 않았다.

그리고 분명 빅뱅이론이 우주에서 관찰되는 현상 모두를 설명해줄 수는 없다. 하지만 빅뱅이론은 여러 가지 관점에서 가장 유력한 이론이다. 만약 어떤 이론이 빅뱅을 대신할 수 있다면 그 이론은 다음과 같은 요구를 만족시켜야 한다.

첫째, 물리학 법칙들에 위배되지 않아야 할 것.
둘째, 적색편이가 팽창운동에서 기인한 것이 아니라면 어디에서 유래한 것인지를 설명할 수 있어야 할 것.

셋째, 우주배경복사선은 어디에서 연유한 것인지, 그것이 과거에 더 뜨거웠던 이유는 무엇인지를 설명할 수 있어야 할 것.(80쪽 참조)

넷째, 가장 나이 많은 천체도 120억 년보다 더 오래되지 않은 이유를 설명할 수 있어야 할 것.

다섯째, 수소 대 중수소 대 헬륨 양의 비율이 오늘날 관찰되는 것과 같은 비율이 된 이유를 설명할 수 있어야 할 것.(수소 원자 3만 개 : 헬륨원자 3천 개 : 중수소 한 개의 비율. 89쪽 참조)

이외 두 가지 빅뱅이론에 가산점을 추가해 줄 수 있는 요인을 간략하게만 설명해 보겠다.

중력이 빛을 약간 휘게 하기 때문에 은하단처럼 물질이 밀집된 곳은 마치 렌즈처럼 작용하여 하늘에 배경의 퀘이사에 대한 몇 개의 상을 투사한다. 이렇게 중력렌즈를 통해 생성된 가짜 상들의 빛은 서로 다른 길을 거쳐 우리에게 도달하고, 새로운 방식으로 우주의 나이를 계산할 수 있게 한다. 그런데 학자들의 연구 결과 그것은 도플러 효과를 근거로 계산한 우주의 나이와 일치했다.

또 하나 우주배경복사선이 우리에게로 오면서 은하단을 통과하면 은하단 사이의 가스에 의해 변형되는데, 이것은 먼 거리, 즉 우주 초기의 시기에서 오는 복사선이 빅뱅이론이 예상했던 대로임을 보여준다.

대안적인 이론이 이 모든 것을 설명할 수 있다면 그것은 빅뱅이론만큼 좋은 이론일 것이다. 만약 그 이론이 빅뱅이론보다 더 많은 것을 설명할 수 있다면 그 이론은 더 좋은 이론이 될 것이고 나는 그것을 기꺼이 나의 것으로 수용할 것이다.

◢ 이것이 모두인가?

우리 속 어딘가에 빅뱅이론에 대한 꺼림칙함이 고개를 들고 올라온다. 이성이 대답을 주지 못할 때 우리는 다른 곳, 가령 종교에서 대답을 얻고자 한다. 그리하여 내 강의를 들은 청중들은 언제나 이것이 모두냐고, 우리의 우주에 신을 위한 자리는 어디에 있느냐고 묻는다.

자연과학은 우리 삶의 아주 작은 부분밖에 파악하지 못한다. 자연과학적 방법과 수단은 기쁨과 고통, 정직과 속임 같은 것은 상관하지 않는다. 자연과학은 우리에게 폭탄을 어떻게 만드는가를 말해주지만 그것을 과연 사용해야 하는지는 말해주지 않는다.

그런 문제에 답을 주는 것은 종교이다. 자연법칙에 관한 지식이 증명할 필요가 없는 것들에 대한 믿음으로 대치되는 것이다. 종교는 자연과학보다 훨씬 유용하다고 할 수 있다. 개인적으로 나는 종교와 과학을 뚜렷하게 구분한다. 나는 한쪽이 다른 한쪽을 뒷받침하거나 반박할 수 있다고 생각하지 않는다. 태초에 빛이 있었다는 《성서》의 창조 이야기는 빅뱅의 빛의 방출과 무관하다. 입장을 바꾸어 어떤 자연과학자가 예수 그리스도가 보리떡 다섯 개로 5천 명을 먹인 것이 질량보존의 법칙을 위배한다고 반기를 든다면 그 역시 어리석은 일이 될 것이다.

자연과학자가 추구하는 규칙들은 자연과학자에게 그다지 자유를 주지 않는다. 우주학자는 특히 힘들다. 물리학자는 원자든 암석이든 별이든 세계를 구성하는 것들의 법칙을 이해하고자 하지만, 우주학자는 우주 전체에 적용되는 규칙을 알아내고자 한다. 이런 규칙을 찾는 것은 훨씬 까다롭다. 우주는 원자처럼 실험실에서 실험할 수 있는 소재가 아니다. 별의 연구는 좀 낫다. 별을 가지고 실험을 할 수 없지만 하늘에는 많은 별들이 보이고 그 비교는 별들이 복종하고 있는 규칙을 암시해 준다.

하지만 우주는 유일하다. 우리는 우리의 우주를 다른 우주와 비교할 수 없다. 그리하여 우주학자들은 이미 알고 있는 물리학 법칙을 전체의 우주에 적용하고 그로써 관찰한 현상들이 설명이 되는지를 보는 수밖에 없다. 그 때문에 우주학은 물리학의 가장 어려운 분야 중 하나다.

천문학에는 대답하기 힘든 질문들 외에 원칙적으로 대답이 없는 질문들도 있다. 가령 빅뱅의 원인이나 빅뱅 전에 무엇이 있었는지를 묻는 질문들 같은 경우 말이다. 우리는 우주가 무한한 밀도에서 시작되었다고 이야기할 수 없다. 단지 백색시대에 무한한 밀도를 가지고 있었던 것처럼 보인다고 밖에 말하지 못한다. 그러므로 빅뱅이론을 지나치게 혹사시키지 말지어다. 빅뱅이론은 우주가 어떤 과정으로 전개되는가를 이야기하고자 하는 것이지, 우주가 어떻게 시작되었는가를 이야기하는 것이 아니라는 얘기다.